Sora 掘金一本通

AI短视频原理、提示词到商业盈利

明机◎编著

化学工业出版社
·北京·

内 容 简 介

如何快速了解Sora文生视频这一强大模型，制作AI短视频，抢占市场先机，赚取第一桶金？

本书包括8章专题内容布局+73个官方视频示例分析+490多张图片全程图解，随书还赠送了8大资源：106分钟同步教学视频+111页PPT教学课件+112组AI视频生成提示词+119个效果文件+57集AI绘画教学视频+56集AI文案写作教学视频+15000多组AI绘画关键词等。具体内容从下面两条线展开。

一条是技能线：从AI短视频的相关技术入手，介绍Sora的概念特点、基本能力、技术原理、模型架构、生成式AI功能、指令编写、提示词库、商业变现等内容，通过学习和实践，读者将能够充分发挥Sora的强大功能，创作出令人惊叹的短视频作品，实现自己的创作和商业目标。

一条是案例线：本书非常注重Sora的实际应用，并通过大量的视频案例分析，包括人像、风光、动物、植物、幻想、旅行等多种题材，同时涉及动画短片、电影预告片、无人机航拍视频、历史镜头视频、电商广告视频、游戏视频等多个领域，全方位展示了Sora在不同场景下的应用效果。

本书是一本不可多得的AI短视频生成技术指南，适合短视频创作者、影视制作人员、摄影师、市场营销人员、AI技术爱好者与开发者、教育工作者及研究人员等广大群体阅读。此外，本书还可以作为相关培训机构和职业院校的参考教材。

图书在版编目（CIP）数据

Sora掘金一本通：AI短视频原理、提示词到商业盈利 / 明机编著. —北京：化学工业出版社，2024.5

ISBN 978-7-122-45340-2

Ⅰ. ①S… Ⅱ. ①明… Ⅲ. ①人工智能—应用—视频制作 Ⅳ. ①TN948.4-39

中国国家版本馆CIP数据核字（2024）第065643号

责任编辑：李　辰　吴思璇　　　　封面设计：异一设计

责任校对：宋　玮　　　　装帧设计：盟诺文化

出版发行：化学工业出版社（北京市东城区青年湖南街13号　邮政编码100011）

印　　装：北京瑞禾彩色印刷有限公司

710mm × 1000mm　1/16　印张12　字数246千字　2024年6月北京第1版第1次印刷

购书咨询：010-64518888　　　　售后服务：010-64518899

网　　址：http://www.cip.com.cn

凡购买本书，如有缺损质量问题，本社销售中心负责调换。

定　　价：78.00元

◎ 市场优势

随着科技的飞速发展，人工智能已逐渐渗透到人们生活的方方面面，而AI短视频生成技术作为其中的一颗“新星”，更是受到了广泛关注。根据Mob研究院发布的报告显示，2023年中国短视频市场规模近3000亿，用户规模占整体网民的94.8%。这些数据表明，短视频市场正在迅速增长，用户规模庞大，且持续增长。

据市场研究公司Statista的报告，到2025年，全球AI视频技术的市场规模预计将达到120亿美元。根据艾媒咨询公司的报告显示，2023年中国AIGC产业规模约为143亿元，预计到2030年，产业规模有望达到11441亿元，这显示出AIGC产业在未来几年内具有巨大的增长潜力。

在这样的大背景下，我们策划编写了本书，为广大短视频创作者、影视制作人员、市场营销人员、AI技术爱好者与开发者、教育工作者，以及研究人员提供了一本关于Sora AI短视频生成技术的全面指南。

◎ 工具介绍

Sora作为一款引领短视频创作新时代的人工智能工具，它集成了先进的算法和模型架构，为创作者提供了前所未有的创作自由度和便捷性。Sora的独特之处在于其强大的生成式AI功能，使得创作者只需通过简单的指令和提示词库，就能让Sora为他们创作出独具匠心的短视频内容。

本书通过深入解读Sora的技术原理、功能特点、提示词优化及商业应用，帮助读者更好地掌握和利用AI技术生成高质量的短视频。通过学习本书内容，读者将能够全面掌握Sora AI短视频生成技术的核心原理、功能特点及实战应用，为自身在短视频创作、影视制作、市场营销等领域的发展提供有力支持。

◎ 本书特色

本书是一本全面、深入、实用的技术指南，从Sora的基本概念、技术原理到实际应用案例，进行了系统而全面的介绍，无论是初学者还是专业人士，都能从中找到所需的知识和信息。本书特色如下。

（1）73个官方示例，实战应用导向：为了让读者更好地将理论知识转化为实际操作，本书精选了73个官方展示的AI视频示例。这些示例涵盖了不同的题材和用途，旨在帮助读者快速掌握高效、高质量的短视频制作技巧。通过学习和模仿这些示例，读者将能够轻松提升自己的AI短视频制作水平，实现创意与技术的完美结合！

（2）80多个小节讲解，解析前沿技术：本书精心策划了8大章共80多个小节，全方位、多角度地深入解析了Sora这一前沿的AI短视频生成模型。通过对本书的专业解读，读者将能够掌握其核心技术原理与优势，不仅站在技术的前沿，更能轻松应对各种挑战，成为AI短视频领域的佼佼者。

（3）7大超值资源赠送，全面且丰富：为了给读者带来前所未有的学习体验，精心准备了7大超值资源赠送给读者，这些资源包括：教学视频+PPT教学课件+AI视频生成提示词+效果文件+AI绘画教学视频+AI文案写作教学视频+AI绘画关键词等，让您全方位了解AI短视频的魅力。

◎ 温馨提示

（1）版本更新：在编写本书时，是基于当前各种AI工具和网页平台的界面截取的实际操作图片，但本书从编辑到出版需要一段时间，这些工具的功能和界面可能会有变动，请在阅读时，根据书中的思路，举一反三，进行学习。

（2）提示词：也称为提示、文本描述（或描述）、文本指令（或指令）、关键词等。需要注意的是，即使是相同的提示词，Sora等AI模型每次生成的视频、图像效果也会有差别，这是模型基于算法与算力得出的新结果，是正常的，所以大家会看到书里的截图与视频有所区别。用同样的提示词，自己再制作时，出来的效果也会有差异。

（3）效果问题：本书所展示的示例效果，均来源于Sora官方发布的演示视频。鉴于Sora模型目前尚处于初期研发阶段，它不可避免地存在一些问题。例如，生成的人物面部表情可能显得不够自然，肢体动作也可能略显僵硬。此外，还可能出现多手多脚，以及其他不符合现实世界物理规律的现象。然而，我们深信这些问题都将在后续的版本中逐步得到改进和优化，为我们带来更加出色的短视频创作体验。

（4）使用问题：本书内容写于2024年2月底，此时Sora正处于内测阶段，因此，本书关于Sora具体生成视频的实战教程部分内容较少，建议大家关注书封底的QQ群，等Sora正式开源后，作者会赠送具体的制作教程，到时请读者朋友留意查收。

◎ 资源获取

如果读者需要获取书中案例的素材、视频和课件，请使用微信“扫一扫”功能按需扫描下列对应的二维码。

素材与课件读者群
686353495

配套视频样例（全视频见书内文）

◎ 作者售后

本书由明机编著，参与编写的人员还有苏高等人，在此表示感谢。由于编者知识水平有限，书中难免有疏漏之处，恳请广大读者批评、指正，沟通和交流请联系微信：2633228153，添加时请输入关键词：明机。

目 录

第 1 章 认识Sora：强大的人工智能视频生成模型

在数字时代的浪潮中，视频已成为信息传播和娱乐产业的核心驱动力。随着人工智能技术的飞速发展，视频生成模型正逐渐从概念走向现实，其中Sora视频生成模型凭借其强大的技术实力，正引领着这一变革的浪潮。

1.1 Sora 是什么

Sora以其独特的技术架构和高效的学习机制，在视频内容生成领域展现出了无与伦比的优势。Sora不仅能够迅速捕捉和学习各种视频风格和特征，还能通过深度学习算法生成高质量、富有创意的视频。Sora的出现，不仅极大地丰富了视频创作手段，也为视频制作行业带来了前所未有的便利和效率提升。

1.1.1 Sora的基本介绍

扫码看教学视频

OpenAI的最新突破——Sora，引领了人工智能（Artificial Intelligence，AI）和视频创作领域的革命性飞跃。这款划时代的工具，借助先进的生成式人工智能技术，将文本描述幻化为栩栩如生、充满创意的视频内容，如图1-1所示。自Sora发布以来，科技界为之沸腾，它标志着内容创作的新纪元已然来临。OpenAI通过Sora再次展现了其在AI研发领域的强大优势，不断挑战和拓展AI技术的边界。

图 1-1　OpenAI 发布视频生成模型 Sora

Sora的推出不仅是一项技术壮举，更是视频创作方式的一次颠覆性变革，它简化了视频创作流程，使得制作高质量视频变得更加容易，让创作者、营销人员和教育工作者能以前所未有的便捷性和灵活性实现创意的落地。

Sora的独到之处在于其核心功能——将文本描述转化为视频内容，这一功能使其在众多视频创作工具中脱颖而出。通过运用先进的AI技术，包括自然语言处理和生成算法，Sora能够理解文本输入并将其呈现为动态、视觉效果令人震撼的视频，相关示例如图1-2所示。这一功能不仅代表了生成式AI技术的巨大创新，还实现了传统视频制作方法难以企及的创意和效率水平。

【示例 1】：走在东京街头的时尚女性

Prompt	A stylish woman walks down a Tokyo street filled with warm glowing neon and animated city signage. She wears a black leather jacket, a long red dress, and black boots, and carries a black purse. She wears sunglasses and red lipstick. She walks confidently and casually. The street is damp and reflective, creating a mirror effect of the colorful lights. Many pedestrians walk about.
提示词	一位时尚的女性走在东京街头，周围是温暖闪亮的霓虹灯和活力四射的城市标志。她穿着一件黑色皮夹克、一条长长的红色连衣裙，搭配黑色靴子，并拎着一个黑色手提包。她戴着墨镜，涂着红色口红。她步履自信，悠然自得地走着。街道潮湿且反光，呈现出丰富多彩的灯光的镜面效果。许多行人在街上走动。

扫码看案例效果

图 1-2　走在东京街头的时尚女性

从图1-2可以看出，无论是视频的真实性、时长、稳定性、连贯性、清晰度，还是对文本内容的深刻理解，Sora都展现出了卓越的水平。过去，制作这样一段视频可能需要花费大量的时间和精力，从剧本创作到分镜头设计，每一个步骤都烦琐而耗时。然而，现在仅需一段简短的文本描述，Sora便能够轻松生成震撼人心的大场面，这无疑让相关从业者感到震惊和不安。

此外，Sora的AI驱动方法提供了无与伦比的定制性和可扩展性，它能够根据文本描述生成独特且定制化的内容，实现更高程度的个性化，让每一个视频都独一无二。这一独特功能不仅彰显了Sora的技术实力，更凸显了它在数字时代彻底改变我们创作和消费视频内容方式的巨大潜力。

☆ 专家提醒 ☆

与其他需要手动选择视觉效果、动画和特效的视频创作工具相比，Sora 的自动化特性显著节省了时间，降低了高质量视频制作的门槛，让创作者能够更加专注于故事的叙述，而非烦琐的视频制作细节。

1.1.2 Sora的功能特点

扫码看教学视频

Sora是一个革命性的AI视频生成工具，其功能之强大，足以颠覆传统的视频制作方式。那么，Sora具体能做什么呢？下面简单介绍Sora的功能特点。

❶ Sora的核心功能是将文本描述转化为生动的视频内容。用户只需通过文字描述创意和想法，Sora就能够将这些想法迅速转化为具有视觉吸引力和连贯性的视频，相关示例如图1-3所示。不论是复杂的场景构建，还是多个角色的互动，甚至是细致入微的动作和背景描绘，Sora都能够轻松应对，生成令人惊叹的视频作品。

【示例2】：穿过东京郊区的火车窗外的倒影

Prompt	Reflections in the window of a train traveling through the Tokyo suburbs.	 扫码看案例效果
提示词	穿过东京郊区的火车窗外的倒影。	

图 1-3　穿过东京郊区的火车窗外的倒影

★ 知 识 扩 展 ★

从图 1-3 可以看出，Sora 通过结合生成式 AI 技术、图像合成、动态渲染等多个步骤，能够根据一句简单的提示词生成一个生动、真实的视频，展示了一个“穿过东京郊区的火车窗外的倒影”的情景。Sora 的潜力和创新之处在于它能够打破传统视频制作的限制，以一种全新的方式实现创意的表达。

❷ Sora拥有卓越的自然语言理解能力。Sora不仅能准确解析用户给出的文本提示，更能捕捉到其中的情感色彩和创意精髓，从而生成富含情感表达的视频内容。无论是欢快的节奏，还是悲伤的氛围，Sora都能够通过精准的角色表情和动作，将情感完美地表现出来。

❸ Sora还具备多镜头生成能力。这意味着在一个生成的视频中，Sora可以巧妙地切换不同的镜头，创造出丰富的视觉体验。同时，它还能够保持角色和视觉风格的一致性，使得整个视频作品呈现出高度的统一性和协调性。

❹ Sora可以从静态图像出发，生成动态的视频内容。只需提供一个静态图像，Sora就能够通过先进的图像处理技术，准确地动画化图像内容，让静态图像焕发出生命的活力。

❺ Sora具有视频扩展功能。无论是想要延长现有视频的时长，还是想要填补视频中的缺失帧，Sora都能够轻松胜任。Sora能够通过分析和学习视频内容，生成与原始视频风格和内容相一致的扩展部分，使得整个视频作品更加完整和连贯。

1.1.3 Sora的竞品对比

与其他AI视频生成工具相比，Sora通过其长达一分钟的视频生成、高度真实感的视频效果，以及对文本描述的理解和执行能力，展现出了明显的优势和特点。表1-1所示为Sora和其他模型的能力对比。

表 1-1 Sora 和其他模型的能力对比

能力分类	能力	Sora	其他模型
底层技术	架构	Transformer	以 U-Net 为主
	驱动方式	数据	图片
对于真实世界的理解 / 模拟能力	世界理解能力	可理解世界知识	弱
	数字世界模拟	支持	不支持
	世界交互能力	支持	不支持
	3D 一致性	强	弱
	长期一致性	强	弱
	物体持久性 / 连续性	强	弱
	自然语言理解能力	强	一般
基于模拟的视频编辑能力	无缝连接视频	强	弱
	运动控制	提示词	提示词 + 运动控制工具
	视频到视频编辑	支持	部分
	扩展生成视频	前 / 后	后
外显视频基础属性	视频时长	60 秒	2 ～ 17 秒
	原生纵横比	支持	不支持
	清晰度	1080P	最高 4K

★ 知识扩展 ★

U-Net 是一种深度学习网络结构，主要用于图像分割等计算机视觉任务。U-Net 网络结构采用了编码器—解码器（Encoder-Decoder）的设计思想，其中编码器负责提取图像的特征，而解码器则负责根据这些特征进行像素级别的预测。

U-Net 网络结构的特点之一是它采用了跳跃连接（Skip Connection），将编码器的特征图与解码器的特征图进行连接，以便解码器能够利用编码器的低级特征进行更精确的预测。这种跳跃连接的设计使得U-Net网络能够在保持高级语义特征的同时，不丢失低级细节信息，从而提高了图像分割的精度。

通过深入比较Sora与其他视频生成模型的能力，可以清晰地揭示出Sora的独特优势和创新之处。当其他视频生成模型还在为保持单镜头的稳定性而努力时，

Sora已经实现了多镜头的无缝切换，这种切换不仅流畅自然，而且镜头间对象的连贯性和一致性也远胜于其他工具，真正实现了降维打击。

图1-4与图1-5所示为Sora与Runway生成的视频效果对比，两个视频使用了完全相同的提示词，但Sora在视频时长、提示词理解、视频质量、连贯性，以及对现实世界物理规律的模拟能力方面均优于Runway。

【示例3】：坐在天空中的一片云上看书的年轻人

Prompt	A young man at his 20s is sitting on a piece of cloud in the sky, reading a book.
提示词	一个 20 多岁的年轻人坐在天空中的一片云上看书。

扫码看案例效果

图 1-4　Sora 生成的视频效果——坐在天空中的一片云上看书的年轻人

扫码看案例效果

图 1-5 Runway 生成的视频效果——坐在天空中的一片云上看书的年轻人，相比 Sora 对提示词的理解准确度要弱一些

经过图1-4与图1-5的细致对比，可以清晰地看出，Sora不仅在整体上完全还原了提示词中描述的场景，而且在细节上也做得非常出色。特别是在人物效果的呈现上，Sora生成的人物形象栩栩如生，仿佛置身于真实世界之中，无论是面部表情、身体姿态，还是衣物的纹理和颜色，都展现出了极高的真实感和生动性。

相比之下，虽然Runway基于Stable Diffusion技术，但受限于其模型训练的精度，生成的人物形象在细节上显得较为粗糙，尤其是在人脸和手部等关键部位，出现了明显的变形和失真。

表1-2所示为主流的视频生成模型对比。通过与其他视频生成模型对比，我们可以更加清晰地认识到Sora的独特之处和优势所在。无论是专业创作者还是普通用户，Sora都是一个值得考虑和选择的AI视频生成工具。

表 1-2　主流的视频生成模型对比

模型	开发团队	推出时间	是否开源	外显视频基础属性		
				时长	每秒帧数	分辨率
Gen-2	Runway	2023 年 6 月	否	4 ～ 16 秒	24	768 × 448 1536 × 896 4096 × 2160
Pika 1.0	PIKA Labs	2023 年 11 月	否	3 ～ 7 秒	8 ～ 24	1280 × 720 2560 × 1440
Stable Video Diffusion	Stability AI	2023 年 11 月	是	2 ～ 4 秒	3 ～ 30	576 × 1024
Emu Video	Meta	2023 年 11 月	否	4 秒	16	512 × 512
W.A.L.T	谷歌	2023 年 12 月	否	3 秒	8	512 × 896
Sora	OpenAI	2024 年 2 月	否	60 秒	未知	最高 1080P

★ 知 识 扩 展 ★

上述视频生成模型的特点对比如下。

❶ Gen-2 以出色的影视级构图和运镜能力著称，画面清晰度与精美度均达到了最高水平，其最新版本甚至可以生成 4K 画质的视频。

❷ Pika 1.0 以其强大的语义理解能力脱颖而出，但在画面一致性方面还有一定的提升空间。

❸ Stable Video Diffusion 作为第一个基于图像模型 Stable Diffusion 的生成式视频基础模型，在视频生成领域具有里程碑意义。Stable Diffusion 是一种机器学习模型，该模型能够从文本描述中生成详细的图像，并可以用于图像修复、图像绘制、文本到图像和图像到图像等任务。

❹ Emu Video 在视频生成质量和文本忠实度上表现出色，为用户提供了高质量的视频生成体验。

❺ W.A.L.T 模型采用 Transformer+Diffusion 的架构，旨在同时解决计算成本和数据集问题，为视频生成带来了更高效的解决方案。

❻ Sora 模型同样采用 Transformer+Diffusion 的架构，且在语义理解能力、复杂场景变化模拟能力，以及一致性方面实现了突破性的表现，为用户提供了更加出色的视频生成效果。

1.1.4　Sora的核心优势

扫码看教学视频

当我们深入了解Sora这一视频生成模型时，不难发现其具备的多项核心优势，正是这些优势使得Sora在视频生成领域脱颖而出，为用户提供了前所未有的视频生成体验。下面简单介绍Sora的核心优势。

❶ Sora以其高效快速的特点，赢得了用户的青睐。相较于传统的视频制作流程，Sora能够迅速根据用户提供的文字内容生成视频，这无疑大大节省了制作时间和成本。

❷ Sora的高度定制化特性，为用户提供了更为广阔的创意空间。用户可以根据自己的需求，定制视频的内容、风格和格式等，这使得生成的每一个视频都充满了个性和创意。无论是企业宣传、个人表达还是其他需求，Sora都能满足用户的个性化需求。

❸ Sora的自动化程度也非常高。Sora能够自动完成从文本到视频的转换，减少了人工干预和烦琐的操作。这意味着用户无须具备专业的视频制作技能，也能轻松生成高质量的视频，这一特性使得Sora更加易于使用和普及。

❹ Sora生成的视频具有良好的跨平台兼容性。无论是在电脑、手机还是其他设备上，用户都能顺畅地播放Sora生成的视频，这种跨平台兼容性为用户提供了更多的选择和便利。

❺ Sora的可扩展性也是其独特之处。随着技术的不断进步和应用场景的不断拓展，Sora的功能和应用场景也将不断扩展和完善，这意味着Sora的未来充满了无限可能，具有更大的潜力。

1.1.5 Sora的创意用途

扫码看教学视频

Sora作为OpenAI推出的创新视频生成工具，为众多领域和应用提供了无限的可能。无论是在娱乐与媒体、教育与培训、广告与营销、游戏开发、虚拟现实与增强现实，还是艺术与文化创作，甚至是个人创作与分享，Sora都展现了其独特的魅力和巨大的潜力，相关介绍如下。

❶ 娱乐与媒体领域：Sora以其出色的技术，为电影、电视节目和动画片注入了丰富的视觉效果和引人入胜的故事情节，极大地提升了作品的观赏性和吸引力。通过Sora，制作团队能够迅速生成高质量的视频内容，显著缩短生产周期并降低成本。同时，Sora也为社交媒体平台的内容创作者提供了有力的支持，他们可以通过Sora轻松制作出有趣、引人注目的视频，从而提高在平台上的曝光度，吸引更多的关注和互动。

❷ 教育和培训领域：Sora创造出的沉浸式和互动式的学习环境，极大地激发了学生的学习兴趣和积极性，使得教学质量和个性化程度得到了显著提升。教师可以利用Sora快速生成生动、直观的教学视频，为学生提供更加有趣和高效的学习材料。此外，Sora还可以广泛用于培训材料的制作中，为学生提供更加便

捷、高效的学习体验。

❸ 广告与营销：企业可以利用Sora自动生成宣传视频或产品展示视频，提升品牌知名度和市场竞争力。Sora的快速原型制作功能使得营销团队能够迅速制作出创意十足的广告内容，吸引更多的目标受众。同时，Sora还能够通过生动、详细的视频展示产品功能、使用场景和优势，帮助企业在市场中脱颖而出。

❹ 虚拟现实与增强现实领域：Sora以其独特的技术优势为虚拟现实（Virtual Reality，VR）和增强现实（Augmented Reality，AR）应用提供了丰富的动态内容支持。通过整合先进的图像处理技术和创新的算法，Sora能够生成高质量、逼真的虚拟场景和物体，为用户带来前所未有的沉浸式体验。无论是探索遥远的星球、漫步于古代的城市，还是与虚拟角色进行互动，Sora都能为用户带来身临其境的感觉，相关示例如图1-6所示。从图1-6可以看出，Sora生成了一个逼真且引人入胜的视频，展现了一个培养皿内的竹林和熊猫的动态场景，为用户带来独特的沉浸式体验。

【示例4】：培养皿里的竹林和奔跑的熊猫

Prompt	A petri dish with a bamboo forest growing within it that has tiny red pandas running around.	 扫码看案例效果
提示词	一个培养皿内生长着一片竹林，竹林里有微型熊猫在奔跑。	

图1-6

图 1-6　培养皿里的竹林和奔跑的熊猫

❺ 游戏开发领域：游戏开发者可以利用Sora制作游戏中的角色动画和场景效果，为游戏增添更高的交互性和趣味性。Sora的创意应用为游戏开发带来了新的可能性和挑战，推动了游戏行业的创新和发展。

❻ 艺术与文化创作领域：艺术家和文化创作者可以利用Sora创作出富有创意和表现力的视频艺术作品，从而推动数字艺术的发展和创新。无论是制作短片、音乐录影带还是数字绘画，Sora都能为创作者提供强大的技术支持。Sora这种数字艺术的创作方式，不仅拓宽了艺术家的创作空间，还为观众带来了全新的艺术体验。

❼ 个人创作与分享领域：Sora为个人用户提供了便捷的工具，利用Sora进行创意视频制作并分享到社交媒体平台，个人用户可以展示自己的才华和创意，与他人分享自己的作品和想法。

1.2　面对 Sora，我们该思考的 5 个问题

Sora作为一款引领行业潮流的技术产品，引发了广泛的关注和讨论。面对Sora的崛起，我们不禁要思考：文生视频模型为何会如此火爆？Sora的发布又意味着怎样的技术革新和市场趋势？作为普通用户或行业从业者，我们应该如何看待Sora的出现，以及它与我们之间的紧密联系？面对这一变革，我们又该如何应对和把握其中的机遇？对于没有专业背景知识的普通人，又该如何顺利入局，分享这一技术革命的红利？本节将围绕这5个问题展开深入探讨，以期为大家提供一个全面而深入的思考框架。

1.2.1　文生视频模型为什么会火

扫码看教学视频

在Sora之前，市场上已经涌现出了一批文生视频的平台和工具，其中Pika和Runway两家公司在2023年就已经推出了自己的文生视频模

型。然而，这些早期的模型在生成视频时，其主体往往只能实现缓慢的移动，且生成的视频时长相对较短。

例如，Pika作为一款文生视频平台，其功能远不止于此，除了基础的文生视频功能，即根据文本描述自动生成相应的视频内容，如图1-7所示，Pika还具备图生视频和视频生视频等多样化功能。

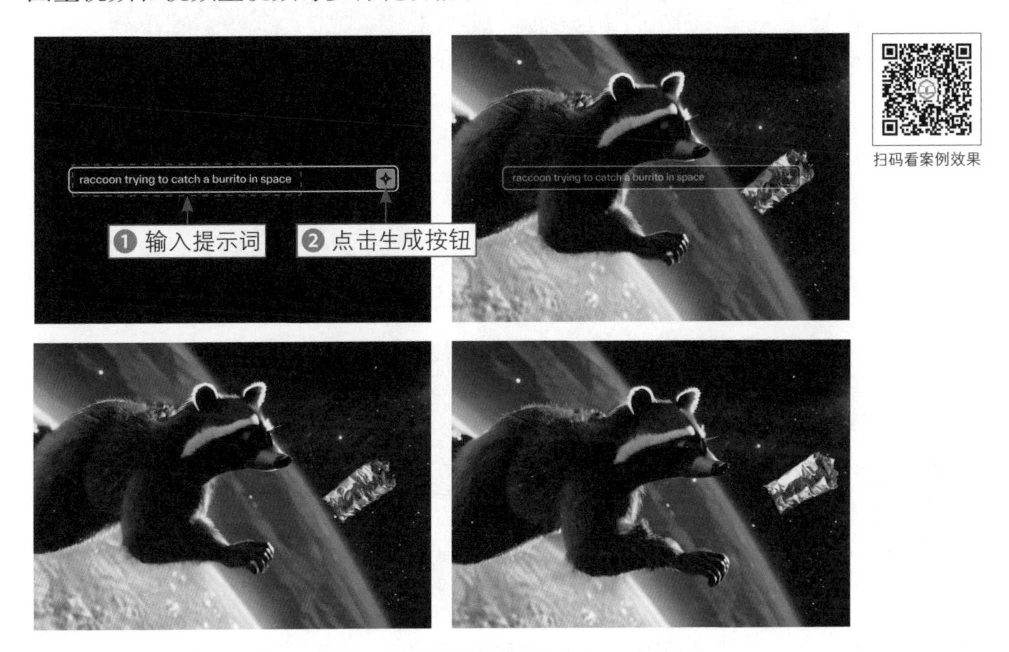

图 1-7　Pika 的文生视频功能演示

图生视频功能允许用户上传一张或多张图片，然后Pika能够根据这些图片，结合先进的图像处理和机器学习技术，自动生成一段连贯的视频，如图1-8所示。这为用户提供了一个全新的创作方式，使得他们能够将静态的图片转化为动态的视频，进一步丰富了视觉体验。

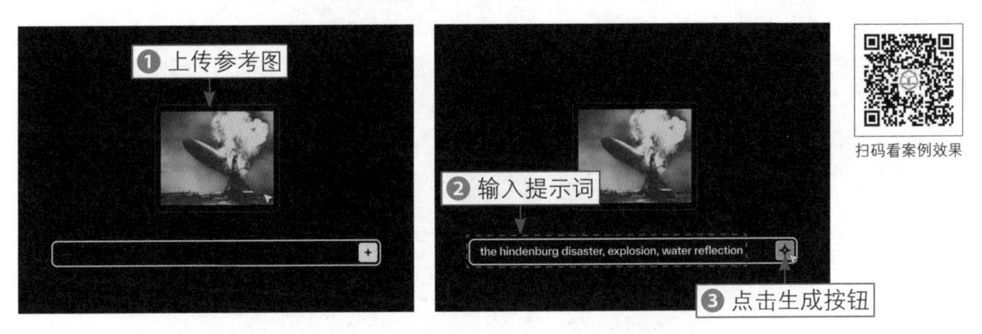

图 1-8

图 1-8　Pika 的图生视频功能演示

视频生视频功能是Pika的另一个创新点，该功能允许用户上传一段已有的视频，Pika会对这段视频进行深度分析，理解其中的内容、动作和场景等元素，然后基于这些信息生成全新的视频，如图1-9所示。视频生视频功能在视频编辑、内容创作和个性化推荐等领域有着广泛的应用前景。

图 1-9　Pika 的视频生视频功能演示

从图1-9可以看出，用户只需更换提示词中的场景描述内容，即可改变视频的画面风格，实现不同的视觉效果，极大地丰富了视频创作的可能性，使得用户能够在短时间内创作出多样化、富有创意的视频作品。

此外，Pika还提供了丰富的编辑工具和特效库，用户可以根据自己的需求对生成的视频进行进一步的编辑和美化，如图1-10所示，使得用户能够轻松打造出专业级的视频作品。

扫码看案例效果

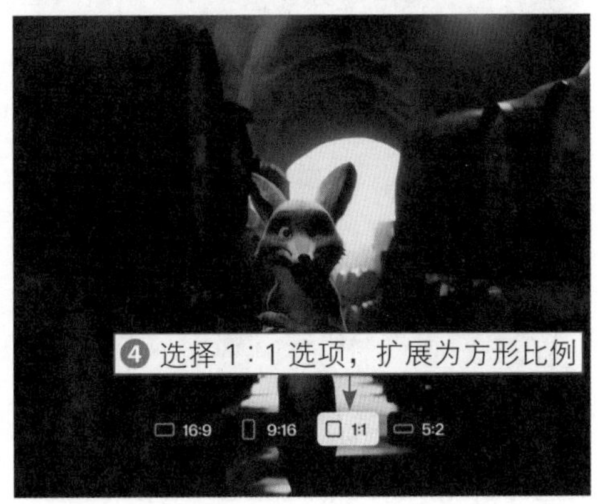

图 1-10　Pika 的视频编辑功能（视频画布扩展）演示

然而，尽管Pika已经具备了如此丰富的功能，但在OpenAI推出的Sora面前，其表现仍然显得有所不足。OpenAI推出的Sora文生视频模型展现出了更高的技术水平，其生成的视频不仅时长更长，而且主体运动更为流畅、逼真，仿佛赋予了视频主角以生命，相关示例如图1-11所示。这也进一步证明了人工智能技术的不断发展和创新，将为我们带来更多令人惊叹的应用和体验。

【示例 5】：在日落时分惬意地漫步

Prompt	a woman wearing blue jeans and a white t-shirt taking a pleasant stroll in Mumbai, India, during a beautiful sunset.	扫码看案例效果
提示词	在印度孟买，一名穿着蓝色牛仔裤和白色 T 恤的女士在美丽的日落时分惬意地漫步。	

图 1-11　在日落时分惬意地漫步

从图1-10可以看出，Sora能够生成一个画面细腻、动态自然、背景丰富的视频，展现出在印度孟买美丽的日落时分，一名穿着蓝色牛仔裤和白色T恤的女士在街头漫步的场景。视频画面不仅富有生活气息，而且场景感非常强烈，能够给观众带来身临其境的感觉。

尽管这些对比都是基于Sora官方给出的示范效果进行的，但OpenAI作为一家在人工智能领域具有深厚积累的公司，其推出的产品和技术通常都备受关注。因此，我们有理由相信Sora在文生视频领域的表现确实达到了一个新的高度。

1.2.2 Sora的发布意味着什么

Sora的发布引起了全球范围的广泛关注，人们纷纷惊叹于人工智能技术的飞速发展，而各大行业的精英人士和专家也纷纷发表了自己的看法。

在Sora发布后的数小时内，科技巨头埃隆·里夫·马斯克（Elon Reeve Musk）在社交媒体上回应了gg humans（人类）的评论，如图1-12所示。这里的gg是Good Games的缩写，意为“打得好，我认输”。埃隆·里夫·马斯克认为，通过AI增强的人类将在未来几年创作出最好的作品，这一观点进一步证明了Sora在人工智能领域的极高地位，以及其对未来创作的巨大潜力。

图 1-12 埃隆·里夫·马斯克对 Sora 的评论

甚至有专家预测，Sora的出现可能意味着通用人工智能的实现时间将从10年缩短到1年。Sora的技术特点在于它能够准确呈现视频细节，理解物体在现实世界中的存在状态，并生成具有丰富情感的角色，相关示例如图1-13所示。这是因为Sora通过学习大量视频，对世界的理解将远远超过文字学习。这一发展趋势预示着未来的AI将能够更深入地理解人类世界，从而推动各个领域的创新和发展。

Sora的发布开启了文生视频领域的新篇章，有望为通用人工智能的发展奠定基础。尤其对广告业、电影预告片、短视频等行业来说，Sora的发布可能意味着巨大的变革。不少业内人士认为，Sora将对这些行业产生深远影响，但短期内要颠覆整个行业可能还为时尚早。更多的可能是，新技术将激发更多人的创作力，成为创作者的有力工具。

【示例6】：手机镜头下的未来城市风貌

Prompt	A beautiful homemade video showing the people of Lagos, Nigeria in the year 2056. Shot with a mobile phone camera.	扫码看案例效果
提示词	一条美丽的自制视频，展示了2056年尼日利亚拉各斯的人们。使用手机摄像头拍摄。	

图1-13　手机镜头下的未来城市风貌

从图1-13可以看到，Sora在生成视频时，能够精确地还原和展现细微的视觉元素，无论是场景的背景、物体的纹理，还是角色的动作，Sora都能以高度的真实感和清晰度来呈现。同时，Sora能够识别并理解物体在现实世界中是如何存在、如何与其他物体交互的，这种理解能力使得它生成的视频更自然、流畅，更符合现实世界的逻辑。

然而，对于Sora的应用前景，也有业内人士持谨慎态度。他们认为，虽然Sora在技术上取得了突破，但要真正改变行业生态，还需要考虑行业规律和技术迭代的平衡。此外，生成式视频的信息量不如真实拍摄的视频大，因此在对细节敏感的领域，如社交平台建设等，Sora的应用可能还有一定的局限性。

总之，Sora的发布不仅是一个技术里程碑，更是一个行业风向标，它象征着生成式AI大模型的热度与关注度将持续升温，并将为未来的科技产业带来更加深远的影响和变革。

1.2.3　我们与Sora有何关系

扫码看教学视频

我们与Sora有何关系？这是许多人在2023年面对生成式大模型（如ChatGPT）崛起时思考的问题。随着文生图等技术的日益成熟，文生视频已崭露头角，成为多模态大模型发展的下一个重要方向。展望未来，行业专家普遍认为，2024年大模型领域的竞争将更加激烈，而多模态大模型将引领生成式AI的新潮流，推动整个AI行业的进步，具体表现在以下3个方面。

❶ AI文生视频技术推动短剧市场变革：AI文生视频作为多模态应用的下一个重要领域，其根据文字提示直接生成视频的能力，预示着短视频市场即将迎来重大变革。这一技术有望显著降低短视频制作成本，从而解决“重制作而轻创作”的问题，使短视频制作的重心回归到高质量的剧本创作上。

❷ 多模态大模型算法突破对科技产业的影响和改变：多模态大模型算法的突破将为自动驾驶、机器人等技术带来革命性的进步，同时生成式AI对科技产业将产生长期影响，建议大家多关注算力、算法、数据、应用等环节的龙头企业。

❸ 多模态在AI商业应用中的重要作用和潜力：多模态是AI商业应用的重要起点，有望为企业带来真正的降本增效效果。企业可以利用节省下来的成本提升产品、服务质量或进行技术创新，从而推动生产力的进一步提升。此外，多模态的发展还可能催生新的、更广阔的用户生成内容平台，为整个行业带来更大的发展空间。

无论你是否愿意承认，Sora等AI技术正在与我们逐渐建立起更加紧密的联系。它们不仅改变了我们的工作方式，更在某种程度上重塑了我们的生活方式。只有积极拥抱这些变化，我们才能在这个日新月异的时代中保持竞争力。下面简单分析Sora给人们带来的影响。

❶ AI改变了工作和生活方式：人工智能正在深刻改变我们的工作和生活方式。许多传统行业和岗位正在逐渐被AI所取代，如程序员的大量复制、粘贴工作现在可由ChatGPT轻松完成，且生成的代码更规范。同样，曾经需要庞大团队完成的任务，现在可能只需少数几人就能完成。

❷ 技术变革的双刃剑效应：一方面，我们期待着新技术如Sora带来的应用前景和便利；另一方面，也有人担忧这些技术可能会抢走传统职业的饭碗，这种担忧并非无的放矢，因为技术的快速发展确实会对某些行业产生影响。其中，影视行业的从业者可能是最容易受到影响的群体之一。图1-14所示为使用Sora生成的科幻电影片段。随着Sora的出现，它能够自动或半自动地生成视频，这可能会减少传统视频制作和编辑职位的需求。同时也意味着，影视行业的从业者需要不断提升自己的技能和能力，以适应这一变革。

【示例7】："云人闪电"的科幻电影片段

Prompt	A giant, towering cloud in the shape of a man looms over the earth. The cloud man shoots lighting bolts down to the earth.	 扫码看案例效果
提示词	一个巨大的、高耸入云的人形云朵悬浮在地球上空。云人向地球发射闪电。	

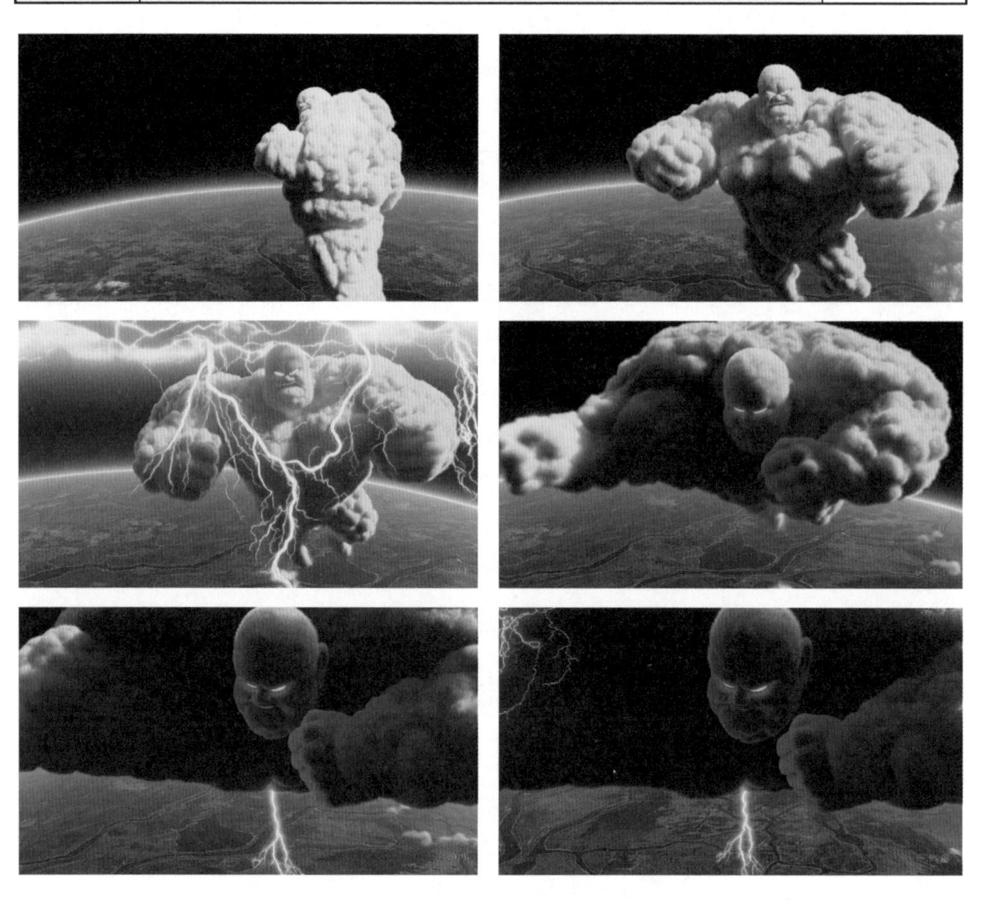

图1-14 "云人闪电"的科幻电影片段

★ 知 识 扩 展 ★

从图 1-14 中可以看出，Sora 生成了逼真的、具有细节的人形云朵和地球背景，其高度和体积都足够巨大，同时展现出了“云人”向地球发射闪电的动态过程，形成了强烈的视觉冲击。Sora 生成的这段科幻电影片段画面流畅、细节丰富，充分展示了 Sora 在视频生成方面的强大实力。

❸ 失业潮未必会发生：虽然Sora等新技术可能会对传统职业造成一定的冲击，但并不意味着一定会引发失业潮。相反，随着技术的普及和应用，它可能会催生新的岗位和就业机会。此外，人类的创造力和智慧是技术无法替代的，因此我们应该积极面对技术变革带来的挑战和机遇，努力提升自己的能力和素质，以适应未来社会的发展需求。

1.2.4　我们该如何应对Sora

扫码看教学视频

面对Sora的崛起，我们应积极适应并善加利用，以开放、审慎和批判的态度来应对。在充分利用Sora带来的机遇的同时，我们也要关注其可能带来的风险和挑战，并努力寻求平衡和可持续发展的道路，相关方法如下。

❶ 明确使用界限：遵循科技伦理规范，不利用Sora进行不道德或欺诈性行为。虽然中华人民共和国科学技术部监督司印发的《负责任研究行为规范指引（2023）》并未直接禁止使用Sora等生成式人工智能模型，但强调了科研伦理的重要性，如图1-15所示。这意味着，我们不能利用Sora等AI模型进行不道德或欺诈性行为，如直接生成申报材料或将其列为成果共同完成人。

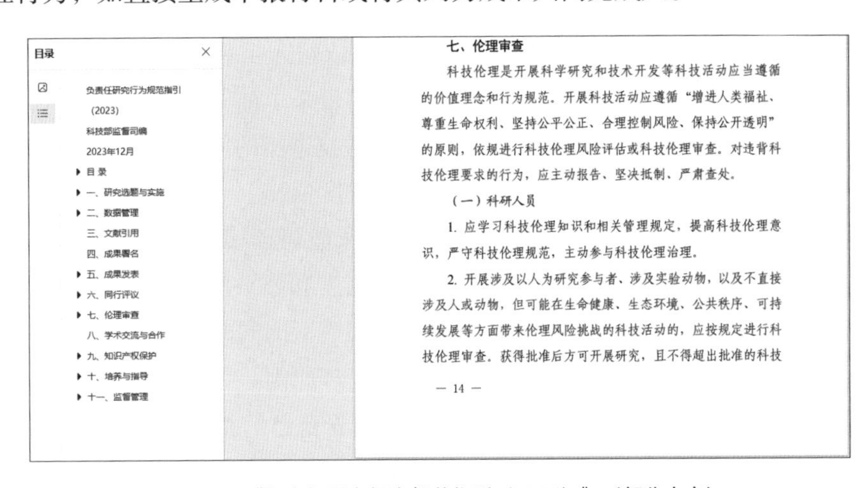

目录

负责任研究行为规范指引
(2023)
科技部监督司编
2023年12月
目录
一、研究选题与实施
二、数据管理
三、文献引用
四、成果署名
五、成果发表
六、同行评议
七、伦理审查
八、学术交流与合作
九、知识产权保护
十、培养与指导
十一、监督管理

七、伦理审查

科技伦理是开展科学研究和技术开发等科技活动应当遵循的价值理念和行为规范。开展科技活动应遵循“增进人类福祉、尊重生命权利、坚持公平公正、合理控制风险、保持公开透明”的原则，依规进行科技伦理风险评估或科技伦理审查。对违背科技伦理要求的行为，应主动报告、坚决抵制、严肃查处。

（一）科研人员

1. 应学习科技伦理知识和相关管理规定，提高科技伦理意识，严守科技伦理规范，主动参与科技伦理治理。

2. 开展涉及以人为研究参与者、涉及实验动物，以及不直接涉及人或动物，但可能在生命健康、生态环境、公共秩序、可持续发展等方面带来伦理风险挑战的科技活动的，应按规定进行科技伦理审查。获得批准后方可开展研究，且不得超出批准的科技

— 14 —

图 1-15　《负责任研究行为规范指引（2023）》（部分内容）

❷ 利用Sora开阔视野，提高学习效果：通过人工智能大模型，我们能够轻松获取各个领域的知识，打破曾经的信息壁垒。现在，学习已经变得前所未有的容易，只要我们有意愿，就能随时随地进行学习。图1-16所示为文心一言AI大模型（简称为“文心大模型”）的使用示例，可以让它扮演老师来传授知识。

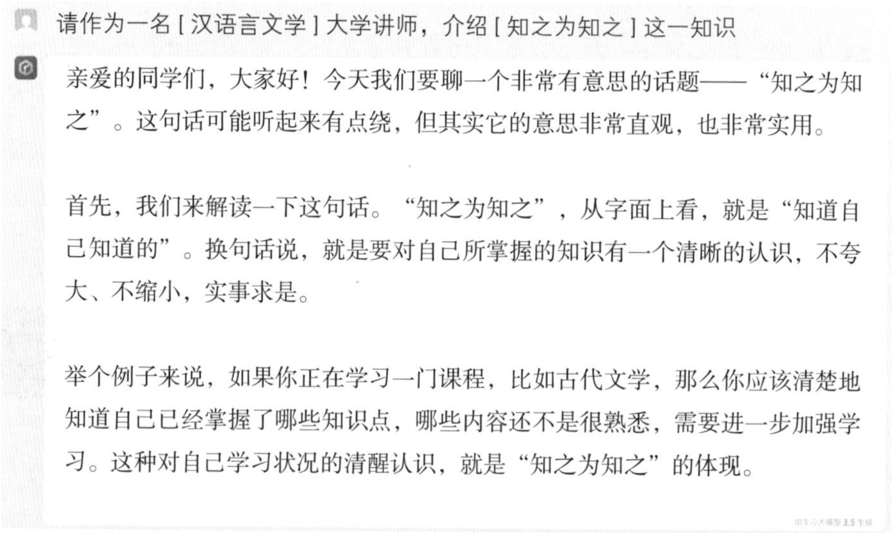

请作为一名 [汉语言文学] 大学讲师，介绍 [知之为知之] 这一知识

亲爱的同学们，大家好！今天我们要聊一个非常有意思的话题——“知之为知之”。这句话可能听起来有点绕，但其实它的意思非常直观，也非常实用。

首先，我们来解读一下这句话。“知之为知之”，从字面上看，就是“知道自己知道的”。换句话说，就是要对自己所掌握的知识有一个清晰的认识，不夸大、不缩小，实事求是。

举个例子来说，如果你正在学习一门课程，比如古代文学，那么你应该清楚地知道自己已经掌握了哪些知识点，哪些内容还不是很熟悉，需要进一步加强学习。这种对自己学习状况的清醒认识，就是“知之为知之”的体现。

图 1-16　文心一言 AI 大模型的使用示例

❸ 转变观念和思维方式：与时俱进地调整工作、教育和终身学习的观念，适应AI时代的需求。无论是工作观念、对孩子的教育观念，还是自己的终身学习观念，都需要与时俱进。在AI快速发展的今天，我们应教会孩子学习的方法，让他们学会适应社会变化，更要在未知的未来中培养他们迎接挑战的能力。

❹ 保持审慎的态度：避免盲目崇拜和过度依赖人工智能，保持对其的理性和客观认识。虽然Sora等人工智能大模型为我们带来了前所未有的便利和机遇，但我们也必须认识到它们并非万能的。在追求科技进步的同时，我们仍须保持对人工智能的理性和客观认识，避免盲目崇拜和过度依赖。

❺ 关注风险和挑战：我们应该关注人工智能可能带来的风险和挑战。例如，数据隐私和安全问题、人工智能的决策透明度和公平性等问题都需要我们深入思考和解决。因此，在利用Sora等人工智能大模型的同时，我们也应该加强监管和规范，确保其发展符合社会的公共利益和伦理原则。

❻ 培养批判性思维能力：我们应该注重培养自己的批判性思维能力，在面对人工智能生成的信息和知识时，我们应该保持独立思考和判断，不盲目接受和

传播未经证实的信息。同时，我们也应该学会识别和评估人工智能生成的结果的可靠性和准确性，以便更好地利用它们来指导我们的决策和行动。

1.2.5　普通人该怎么入局

扫码看教学视频

面对Sora这样的文生视频模型带来的技术革新，普通人又该如何把握其中的机遇呢？

首先，我们得承认Sora模型带来的影响，它生成的视频效果让人惊叹不已。这里为大家展示一段Sora生成视频的提示词，以激发我们的想象力，相关示例如图1-17所示。

扫码看案例效果

图 1-17　冬日长毛猛犸象的壮丽景色

即使没有看过这段视频，这段提示词描述的场景也足以让我们脑海中浮现出一个长毛猛犸象在雪地中漫步的震撼画面。而如果我们只是简单地写下“数只巨大的长毛猛犸象穿越一片被雪覆盖的草地”，那么生成的视频效果可能会大打折扣。

从本示例的视频中可以看到，Sora展现出的画质和流畅度，让人不禁感叹：“这真的是AI做的吗？”是的，这确实是AI技术的力量。然而，对普通人来说，AI技术的神秘和高深莫测往往伴随着一种期待和焦虑。期待的是能够借助AI技术为自己的业务带来质的飞跃，焦虑的是不知道如何融入这场技术革命。

【示例8】：冬日长毛猛犸象的壮丽景色

Prompt	Several giant wooly mammoths approach treading through a snowy meadow, their long wooly fur lightly blows in the wind as they walk, snow covered trees and dramatic snow capped mountains in the distance, mid afternoon light with wispy clouds and a sun high in the distance creates a warm glow, the low camera view is stunning capturing the large furry mammal with beautiful photography, depth of field.
提示词	数只巨大的长毛猛犸象穿越一片被雪覆盖的草地，它们的长毛在行走时轻轻飘动，远处的树木和白雪皑皑的山脉都被雪覆盖，午后时分，天空中飘着薄薄的云彩，远处的太阳散发出温暖的光芒，低角度的摄像机视角令人叹为观止，以美丽的摄影和景深捕捉到了这种大型毛茸茸的动物。

★ 知识扩展 ★

Sora会尝试捕捉提示词中描述的所有元素，并将其融合在一起，以创造出一个逼真的场景。除了主体的展现，Sora还会在背景中描绘出被雪覆盖的树木和白雪皑皑的山脉，以创造出一种宏伟而宁静的氛围。

同时，镜头采用低角度展示，增强了猛犸象的雄伟感，也捕捉到了它们身上细腻的毛发和皮肤的纹理，使得画面充满了深度感，观众仿佛能够亲身感受到猛犸象的庞大身形和雪地的宁静氛围。另外，通过运用景深技巧，可以进一步突出长毛猛犸象的细节和特征，使它们在画面中更加突出。

面对这样的焦虑，我们要先冷静下来。AI技术虽然强大，但它始终是一个工具，真正能够创造价值的是我们对业务的深入理解。因此，普通人在入局AI视频时，不必盲目跟风，而是要结合自己的业务，思考AI技术如何为自己的业务带来增值。另外，还要明确一点，目前OpenAI只是发布了演示视频和一篇研究论文，Sora真正的技术应用还未全面开放，所以我们需要保持冷静和理性。

Sora之所以如此惊艳，并不是因为它从零开始原创了一个模型，而是站在了OpenAI其他成功产品的肩膀上，借鉴了如ChatGPT等大语言模型的思路和

OpenAI内部的成功经验，同时还付出了巨大的模型训练成本，这也是其他公司难以复制Sora的原因之一。对普通人来说，想要把握住Sora带来的机遇，可以提前做好以下几点准备。

❶ 关注技术动态：时刻关注AI领域的技术发展，了解最新的技术动态和趋势，特别是与视频生成相关的技术。这样，当新的技术出现时，你能够迅速发现其背后的价值和意义，以便在机会来临时迅速把握。

❷ 结合业务思考：将AI技术与自己的业务相结合，思考如何利用AI技术解决业务中的痛点，提升工作效率和质量。在AI浪潮中，不要盲目跟风，而是要根据自己的实际情况和需求，做出最适合自己的选择。

❸ 深入学习内容创作：虽然AI技术能够高效快捷地生成视频，但内容的本质仍然需要人来把握。因此，我们需要深入学习内容创作的底层逻辑，理解如何让作品吸引更多观众，更好地传递价值，这是用好AI技术的前提。

❹ 培养创新思维：AI技术的发展为内容创作带来了无限的可能性，普通人可以发挥自己的想象力，结合AI技术创作出更具创意和个性的视频内容。

❺ 建立自己的素材库：为了丰富自己的创作灵感和提高视频制作能力，每个人都应该积极建立自己的素材库。一个有效的方法是多观看一些经典电影或剧集，并从中选择精彩的片段或画面进行截屏或保存。这样，就可以逐渐积累起一个丰富多样的素材库，更加得心应手地创作出富有创意和吸引力的视频作品。

❻ 提升视频制作技能：如果你有余力，学习一些视频剪辑和构图的入门技巧将是非常有益的。掌握基础的摄影摄像知识，并熟悉一些视频剪辑软件的操作，将使你能够更自如地指导AI生成视频，这些技能不仅有助于提升视频质量，还能让你在创作过程中更加游刃有余。

总之，面对Sora这样的技术革新，普通人既要有期待和热情，也要保持冷静和理性。我们可以通过关注技术动态、结合业务思考和培养创新思维等，提前做好准备，抓住这一技术革新的机遇。

第2章

能力解析：Sora如何高效地生成视频

随着数字化时代的到来，视频已成为人们获取信息和娱乐的重要方式。然而，高效的视频生成技术一直是业界的挑战和追求。在这一背景下，Sora的出现为人们提供了一种全新的解决方案。那么，Sora究竟是如何生成视频的？本章将深入解析Sora的核心能力，揭示其高效生成视频的秘密。

2.1　Sora 的技术创新点

2023年，我们已经目睹了众多创业公司推出的视频生成模型。然而，与这些模型相比，OpenAI发布的新型模型Sora在效果和理念上都呈现出了颠覆性的创新，似乎预示着一个新AI时代的到来。

在数字视频生成领域，技术创新是推动行业发展的关键。Sora技术的出现，凭借其独特的技术创新点，引领了视频生成技术的新潮流。Sora不仅关注生成视频的速度和效率，更重视视频质量和用户体验的完美结合。那么，Sora到底有哪些令人瞩目的技术创新点呢？本节将逐一揭示Sora技术的创新之处，不仅可以帮助大家更好地理解其高效生成视频的原理，还可以为未来的技术发展和创新提供有益的启示。

2.1.1　支持多样化视频格式

扫码看教学视频

Sora展现出了对多样化视频格式的支持力度，这一点在多个方面得到了体现。首先，Sora能够生成方屏（分辨率为1080×1080等）视频、宽屏（分辨率为1920×1080等）视频、垂直（分辨率为1080×1920、480×854等）视频，以及其他任意比例的视频，这表明它支持几乎所有常见的视频格式，相关示例如图2-1所示。

【示例9】：在大海中游动的海龟

Prompt	Turtles swimming in the ocean.
提示词	在大海中游动的海龟。

扫码看案例效果

1080×1080

图2-1

扫码看案例效果

1920 × 1080

扫码看案例效果

480 × 854

图 2-1　在大海中游动的海龟

值得一提的是，Sora不仅在视频格式的多样性上表现出色，更在内容生成流程上实现了简化。Sora允许用户在较低的分辨率下快速生成雏形，以便进行初步预览和调试。一旦确认无误，用户可以直接在Sora的全分辨率模式下进行最终生成。这一特点不仅提高了内容创作的灵活性和效率，还大大简化了视频内容的生成流程，为用户带来了前所未有的便捷体验。

★ 知 识 扩 展 ★

Sora 的采样灵活性得益于其强大的技术实力和算法优化，它能够自动适应不同视频格式的采样需求，无须手动调整参数或转换格式。此外，Sora 还采用了高效的计算架构和数据处理方式，确保在采样过程中不会损失任何图像质量或细节。这些技术特点使得 Sora 在视频生成领域具有极高的竞争力和市场价值。

2.1.2　改进的画面构图和框架

扫码看教学视频

Sora团队研究发现，在原始横纵比的视频上进行训练，可以提高画面的构图和组合效果。他们将Sora与其他模型进行了比较，该模型将所有的训练视频素材都裁剪为正方形，这是训练图像或视频生成模型时的常见做法。结果发现，在正方形上裁剪训练的模型有时会生成只显示部分主体的视频，效果如图2-2所示。

扫码看案例效果

图 2-2　显示部分主体

相比之下，Sora生成的视频在构图方面有所改进，效果如图2-3所示。通过对比可以看出，Sora在视频生成方面的优势不仅在于其强大的技术实力和算法优化，更在于其对原始视频横纵比的充分利用和考虑。这种考虑使得Sora在生成视频时，能够更好地保留原始视频的画面构图，从而让用户获得更加真实、生动的观看体验。

扫码看案例效果

图 2-3　Sora 生成的视频在构图方面有所改进

此外，Sora还采用了先进的图像处理技术，对生成的视频进行精细的调整和优化，确保画面的清晰度和流畅度。这种全面的优化和改进，使得Sora在视频生成领域具有极高的竞争力和市场价值，为用户带来了更加出色的视频观看体验。例如，当处理宽屏格式的视频时，Sora能够确保主要内容始终保持在观众的视野范围内，相关示例如图2-4所示，从而避免了某些模型可能出现的问题，即只展示主体的一部分。

【示例 10】：兔子和松鼠的奇妙混合物

<table>
<tr><td>Prompt</td><td>3D animation of a small, round, fluffy creature with big, expressive eyes explores a vibrant, enchanted forest. The creature, a whimsical blend of a rabbit and a squirrel, has soft blue fur and a bushy, striped tail. It hops along a sparkling stream, its eyes wide with wonder. The forest is alive with magical elements: flowers that glow and change colors, trees with leaves in shades of purple and silver, and small floating lights that resemble fireflies. The creature stops to interact playfully with a group of tiny, fairy-like beings dancing around a mushroom ring. The creature looks up in awe at a large, glowing tree that seems to be the heart of the forest.</td><td rowspan="2">
扫码看案例效果</td></tr>
<tr><td>提示词</td><td>3D 动画中，一个小而圆、毛茸茸的生物长着一双富有表情的大眼睛，探索着一片充满活力、迷人的森林。这种动物是兔子和松鼠的奇妙混合物，有柔软的蓝色皮毛和浓密的条纹尾巴。它沿着波光粼粼的溪流跳跃，惊奇地睁大了眼睛。森林中充满了神奇的元素：发光变色的花朵、树叶呈紫色和银色的树木，以及类似萤火虫的小飘浮灯。这只生物停下来，与一群围绕蘑菇环跳舞的精灵般的小生物嬉戏互动。这只生物敬畏地抬头看着一棵发光的大树，这棵大树似乎是森林的中心。</td></tr>
</table>

图 2-4　兔子和松鼠的奇妙混合物

通过保持主要内容的完整性和清晰度，Sora确保了观众能够全面、深入地欣赏每一个视频细节，从而增强了视频的吸引力和感染力。Sora通过这种精细的调整，不仅显著提升了生成视频的画面质量，还为观众带来了更加出色的观看体验。

2.1.3　语言理解与视频生成

扫码看教学视频

为了训练文本到视频的生成系统，需要大量的带有相应文字说明的视频。Sora团队将DALL・E中引入的重新标注技术应用于视频。首先，Sora团队训练了一个描述性极强的字幕模型，然后使用它来为训练集中的所有视频生成文字说明。

Sora团队发现，使用高度描述性的视频字幕进行训练可以提高文本的保真度和视频的整体质量。与DALL・E类似，Sora团队也利用生成式预训练变换器模型（Generative Pre Trained Transformer，GPT）将简短的用户提示转换为更长的详细字幕，然后将其发送到视频模型，这使得Sora能够准确遵循用户的描述生成高质量的视频。下面对比相同场景下，用户使用不同提示词生成的视频效果。

❶ 图2-5所示为使用an adorable kangaroo wearing blue jeans and a white t-shirt taking a pleasant stroll in Mumbai India during a beautifu sunset（中文大意为：在美丽的日落时分，一只可爱的袋鼠穿着蓝色牛仔裤和白色T恤在印度孟买愉快地散步）提示词生成的视频效果，Sora基本还原了提示词描述的画面，如袋鼠、蓝色牛仔裤、白色T恤等，但效果偏卡通风格。

扫码看案例效果

图 2-5 Sora 生成的视频效果（1）

❷ 图2-6所示为使用an adorable kangaroo wearing blue jeans and a white t-shirt taking a pleasant stroll in Mumbai India during a winter storm（中文大意为：一只可爱的袋鼠穿着蓝色牛仔裤和白色T恤，在印度孟买冬季的暴风雨中，愉快地散步）提示词生成的视频效果，在上一例提示词的基础上，对于季节进行了适当改变，Sora同样还原了提示词描述的画面，但效果偏写实风格。

扫码看案例效果

图 2-6 Sora 生成的视频效果（2）

❸ 图2-7所示为使用a toy robot wearing a green dress and a sun hat taking a pleasant stroll in Mumbai India during a colorful festival（中文大意为：一个玩具机器人穿着绿色连衣裙，戴着太阳帽，在印度孟买一个丰富多彩的节日期间愉快地散步）提示词生成的视频效果，对主体和场景都进行了调整，Sora仍然能够生成对应的画面。

通过上述对比可以看出，Sora结合重新标注技术和GPT的力量，使其在语言理解方面取得了显著的进步，它不仅能够理解用户简短的提示词，还能将这些想法迅速转化为详细的文字描述，进而生成符合用户需求的视频内容。

扫码看案例效果

图 2-7　Sora 生成的视频效果（3）

这种强大的语言理解能力，使得Sora在视频生成领域具有独特的优势，为用户提供了更加便捷、高效的视频创作体验，相关示例如图2-8所示。

【示例 11】：不同的人物在不同的城市散步

Prompt	a woman wearing a green dress and a sun hat taking a pleasant stroll in Mumbai India during a beautiful sunset.	 扫码看案例效果
提示词	在美丽的日落时分，一个身穿绿色连衣裙、头戴太阳帽的妇女在印度孟买愉快地散步。	

Prompt	a woman wearing a green dress and a sun hat taking a pleasant stroll in Johannesburg South Africa during a winter storm.	 扫码看案例效果
提示词	一个身穿绿色连衣裙、头戴太阳帽的妇女，在南非约翰内斯堡冬季的暴风雨中愉快地散步。	

图 2-8

Prompt	an old man wearing a green dress and a sun hat taking a pleasant stroll in Mumbai India during a beautiful sunset.	 扫码看案例效果
提示词	在美丽的日落时分，一位身穿绿色连衣裙、头戴太阳帽的老人在印度孟买愉快地散步。	

Prompt	an old man wearing blue jeans and a white t-shirt taking a pleasant stroll in Mumbai India during a colorful festival.	 扫码看案例效果
提示词	一位身穿蓝色牛仔裤和白色 T 恤的老人，在印度孟买一个丰富多彩的节日期间愉快地散步。	

图 2-8　不同的人物在不同的城市散步

从图2-8可以看出，将视频主体更换为人物后，Sora依然能够精准地解读用户的文本指令，并据此创造出饱含细节和情感的角色，以及栩栩如生的场景。无论是复杂的动作场景还是微妙的情感表达，Sora都能敏锐地捕捉并完美地呈现。这使得从简洁文本提示到丰富视频内容的转变变得自然而流畅，为用户带来了无与伦比的视觉体验。

2.1.4　多模态输入处理

扫码看教学视频

Sora的多模态输入处理能力是其强大功能的重要组成部分，为用户提供了前所未有的创作自由度。除了接受文本提示作为输入，Sora还能够灵活处理静态图像或已有视频，进行内容的延伸、填充缺失帧或进行风格转换等操作。这意味着用户不仅可以利用Sora从零开始创建全新的视频内容，还可以将已有的图像或视频作为素材，通过Sora进行二次创作，实现更加丰富多样的视觉效果。

例如，用户可以在Sora中输入两个视频，并将其合成为一个视频，相关示例如图2-9所示。Sora能够智能分析不同视频中的元素和构图，自动生成与之相匹配的视频内容。

【示例 12】：无人机环绕拍摄的海边建筑

Prompt	A drone camera circles around a beautiful historic church built on a rocky outcropping along the Amalfi Coast, the view showcases historic and magnificent architectural details and tiered pathways and patios, waves are seen crashing against the rocks below as the view overlooks the horizon of the coastal waters and hilly landscapes of the Amalfi Coast Italy, several distant people are seen walking and enjoying vistas on patios of the dramatic ocean views, the warm glow of the afternoon sun creates a magical and romantic feeling to the scene, the view is stunning captured with beautiful photography.
提示词	一架无人机相机环绕着一座美丽的历史悠久的教堂，这座教堂建在阿马尔菲海岸的岩石露台上，景色展示了历史悠久、宏伟的建筑细节，以及分层的小路和天井，海浪拍打着下面的岩石，俯瞰着意大利阿马尔菲沿岸的沿海水域和丘陵景观，可以看到几个远方的人在露台上散步，欣赏着壮观的海景，午后温暖的阳光给现场营造了一种神奇而浪漫的感觉，美丽的照片捕捉到了令人惊叹的景色。

扫码看案例效果

输入视频 1 效果

扫码看案例效果

输入视频 2 效果

图 2-9

扫码看案例效果

输入视频 1+ 输入视频 2 合成后的视频效果

图 2-9　无人机环绕拍摄的海边建筑

此外，对于已有的视频内容，Sora同样能够进行精细的编辑和处理。无论是填充缺失帧，使视频更加流畅，还是进行风格转换，为视频注入新的艺术气息，Sora都能够轻松应对。

这种多模态输入处理能力使得Sora在视频创作领域具有广泛的应用前景。无论是专业的视频制作人员，还是普通用户，都可以通过Sora实现自己的创意和想象，创作出独一无二、充满个性的视频作品。

2.1.5　可变的持续时间、分辨率、宽高比

扫码看教学视频

以往生成图像和视频的方法，通常会将视频调整大小、裁剪为标准尺寸，如256×256分辨率的4秒视频。然而，Sora团队发现，在原始尺寸的视频数据上进行训练可以提供如下好处。

❶ 使用原始尺寸的数据进行训练可以保留视频的原始细节和特征，从而更好地模拟真实场景，相关示例如图 2-10 所示。这是因为调整视频大小或裁剪视频可能会导致一些重要信息的丢失，而这些信息对于生成高质量的图像和视频至关重要。

❷ 原始尺寸的数据可以提供更多的信息，有助于模型更好地学习视频中的细节和动态变化。这不仅可以提高生成视频的质量，还可以使模型更好地适应不同尺寸和分辨率的视频输入。

❸ 使用原始尺寸的数据进行训练还可以提高模型的训练效率和灵活性。这是因为模型不需要进行额外的调整或修剪操作，可以更快地处理输入数据并生成高质量的输出结果。此外，由于模型可以在不同尺寸和分辨率的视频上进行训练，因此它可以更加灵活地适应不同的应用场景和需求。

综上所述，使用原始尺寸的数据进行训练可以带来许多好处，包括提高生成视频的质量、效率和灵活性。这种方法不仅可以为图像和视频生成领域带来更好的性能和效果，还可以为其他相关领域提供更强大的技术支持。

【示例 13】：白发男人的特写镜头

Prompt	An extreme close-up of an gray-haired man with a beard in his 60s, he is deep in thought pondering the history of the universe as he sits at a cafe in Paris, his eyes focus on people offscreen as they walk as he sits mostly motionless, he is dressed in a wool coat suit coat with a button-down shirt , he wears a brown beret and glasses and has a very professorial appearance, and the end he offers a subtle closed-mouth smile as if he found the answer to the mystery of life, the lighting is very cinematic with the golden light and the Parisian streets and city in the background, depth of field, cinematic 35mm film.
提示词	这是一个 60 多岁留着胡子的白发男人的特写镜头，他坐在巴黎的一家咖啡馆里，沉思着宇宙的历史，当人们走动的时候，他的眼睛聚焦在屏幕外的人身上，他几乎一动不动地坐着，他穿着羊毛西装外套和纽扣衬衫，戴着棕色贝雷帽和眼镜，最后。他微微一笑，仿佛找到了生命之谜的答案，灯光非常像电影风格，背景是金色的灯光和巴黎的街道和城市，景深，35 毫米电影胶片。

扫码看案例效果

图 2-10　白发男人的特写镜头

2.2　Sora 强大的视频生成能力

在AI视频领域，Sora凭借其卓越的视频生成能力脱颖而出，展现出了独特的优势。在Sora的世界里，每一个镜头都充满无限可能，每一次创作都是一次全新的体验，让每一个人都能够成为视频创作艺术家。本节将深入探索Sora强大的视频生成能力，揭示其背后的技术魅力与创新精神。

2.2.1　3D一致性：以3D的视角呈现物体和人物的运动

扫码看教学视频

在Sora团队深入研究视频模型的过程中，一个引人注目的现象逐渐浮现出来：当进行大规模训练时，这些模型展现出了许多令人惊叹的“涌现”能力。这些“涌现”能力不仅令人印象深刻，更重要的是，它们赋予了Sora独特的视频生成能力，使其能够精确地模拟物理世界中的人、动物及环境。

这些“涌现”能力的属性并非基于任何特定的归纳偏差（inductive bias），

如三维（Three-Dimensional，3D）结构或物体识别等。相反，它们纯粹是模型在处理大量数据时自然产生的尺度现象。换句话说，这些属性是模型在庞大的数据集上进行训练时自我学习和自我优化的结果，而非人为预设或强加的。

★ 知 识 扩 展 ★

归纳偏差是指在机器学习算法中，模型对特定类型的数据或假设的偏好。这种偏好可能会导致模型在训练过程中偏向于某些解决方案，而忽略其他可能的、同样有效的解决方案。归纳偏差通常是由模型的设计、参数的选择、训练数据的特性等因素引起的。

在视频模型中，归纳偏差可能表现为模型对某些类型的视频或场景有更强的识别能力，而对其他类型的数据则表现较差。例如，一个模型可能被设计为更擅长识别静态图像，而对动态视频的处理能力较弱。这种偏差可能会导致模型在处理复杂或多样化的视频数据时表现不佳，因为它可能过于依赖某些特定的特征或模式。

为了减轻归纳偏差的影响，研究人员通常会尝试不同的模型结构、训练策略或数据增强技术，以增强模型的泛化能力和适应性。这样可以帮助模型更好地处理各种类型的数据，提高其在不同场景下的性能表现。

这种无偏差的“涌现”能力，使得Sora在模拟现实世界时更加灵活和真实。无论是模拟人物的动态行为、动物的奔跑跳跃，还是重现复杂的环境变化，Sora都能够凭借其强大的“涌现”能力，呈现出令人信服的结果。

其中，3D一致性就是Sora“涌现”能力中一项重要的特点，使Sora可以生成具有镜头运动效果的动态视频，随着镜头的移动和旋转，人和场景元素在三维空间中始终会保持一致的运动，相关示例如图2-11所示。

【示例 14】：推镜头展示熙熙攘攘的东京城市街道

Prompt	Beautiful, snowy Tokyo city is bustling. The camera moves through the bustling city street, following several people enjoying the beautiful snowy weather and shopping at nearby stalls. Gorgeous sakura petals are flying through the wind along with snowflakes.
提示词	美丽的、白雪皑皑的东京城熙熙攘攘。镜头穿过熙熙攘攘的城市街道，跟随几个人享受美丽的雪天，并在附近的摊位上购物。美丽的樱花花瓣随着雪花在风中飞舞。

扫码看案例效果

图 2-11　推镜头展示熙熙攘攘的东京城市街道

3D一致性是视频生成过程中一个重要的概念，从图2-11可以看到，它保证了Sora生成的视频在空间上具有连贯性和真实性。当镜头在跟随人物向前推进的过程中，Sora能够精确地模拟和渲染出周围环境的细节和变化。

这意味着，无论是人物的行走、跑步还是跳跃，还是场景中的建筑物、树木等元素的移动，都能够与镜头的运动保持协调，呈现出更加真实和自然的视觉效果。因此，3D一致性不仅增强了视频的视觉效果，还提升了用户的观看体验，相关示例如图2-12所示。

【示例 15】：摇镜头展示令人惊叹的山水风光

Prompt	two people walking up a steep cliff near a waterfall and a river in the distance with trees on the side, stunning scene.
提示词	两个人走上陡峭的悬崖，边上有一个瀑布，远处有一条河，旁边有树，令人惊叹的一幕。

扫码看案例效果

图 2-12

图 2-12　摇镜头展示令人惊叹的山水风光

从图2-12可以看出，Sora视频采用快速摇镜头的运镜方式，展现了大画幅的横向场景，而且这些画面能够无缝衔接。Sora的运镜技巧与3D一致性技术的结合，使得画面在快速切换时仍能保持高度的连贯性。这种效果在动作场景、风景描绘或大型活动中尤为显著，能够让观众仿佛身临其境，感受到无与伦比的沉浸感。

这种3D一致性的实现，不仅得益于Sora先进的物理模拟能力，还与其强大的角色动画模拟和场景互动模拟能力密不可分。通过模拟真实世界中的物理规律，Sora能够精确计算人物和场景元素在三维空间中的运动轨迹和姿态变化。同时，通过对角色动画和场景互动的模拟，Sora还能够实现更加自然、流畅的动作转换和场景过渡。

★ 知 识 扩 展 ★

Sora 具备出色的物理模拟能力，能够模拟真实世界中的物理规律，如重力、碰撞和摩擦力等，使得生成的视频内容在动态表现上更加自然、真实。无论是风吹草动，还是水流潺潺，Sora 都能够精准地模拟出这些自然现象，为用户带来身临其境的感受。

2.2.2　长期一致性：保持视频中的人物和场景的不变

扫码看教学视频

长期一致性是指AI视频的长程连贯性和物体永久性，一直是AI视频生成领域面临的重要挑战。在长时间采样视频时，保持内容在时间上的连贯性对视频生成模型来说尤为困难。然而，视频生成模型Sora在这方面表现出了不俗的能力。尽管并非在所有情况下都能完美应对，但Sora通常能够有效地处理短期和长期的依赖关系，确保生成的视频在内容上具有长程连贯性。

以人物、动物或物体为例，即使在它们被遮挡或离开画面的情况下，Sora模型也能通过其强大的处理能力使它们以某种方式在视频中持续存在，相关示例如图2-13所示。这种长期一致性的特性，使得Sora生成的视频更加自然、真实，给观众带来了更好的观看体验。

例如，在一段视频中，若一个角色在开始时身着红衣，那么不论视频如何切换场景或角度，该角色的红衣着装都将始终如一，保持高度的一致性。同样的，当视频描述一个人物从一张桌子移动到另一张桌子的过程时，Sora的强大能力就得以凸显。即便视角发生转换，或者场景有所变换，人物与两张桌子之间的相对位置及其互动细节，都将被精准地维持和呈现。这种长期一致性的保持，不仅体现了Sora在视频处理上的深厚实力，也为观众带来了更为真实和沉浸的观影体验。

【示例 16】：一只达尔马提亚狗从窗户向外看

Prompt	A Dalmatian dog looks out of the window, with a blue window frame and pink walls. A group of people walk past it.
提示词	一只达尔马提亚狗从窗户向外看，蓝色窗户框架和粉色墙壁，一群人从它面前走过。

扫码看案例效果

图 2-13　一只达尔马提亚狗从窗户向外看

2.2.3 世界交互模拟：模拟人物与环境之间简单的互动

扫码看教学视频

“与世界进行互动”是人工智能领域一个具有挑战性的目标，而Sora在这方面展现出了不俗的能力。在某些情况下，Sora能够模拟出对世界状态产生影响的简单动作，使得虚拟世界中的物体和角色能够与现实世界一样进行交互。以画家为例，当Sora在模拟画家的创作过程时，它能够在画布上留下新的笔触，相关示例如图2-14所示。这些笔触不仅在当时可见，而且会随着时间的推移持续存在。这意味着画家可以在之前的作品上进行叠加或修改，创造出更加丰富和复杂的画面效果。

【示例17】：模拟画家的创作过程

Prompt	a person is painting a tree with watercolors on paper with a brush and a palette of watercolors, Art & Language, organic painting, a watercolor painting.	 扫码看案例效果
提示词	一个人正在用画笔和水彩调色板在纸上用水彩画一棵树，艺术与语言，有机画，水彩画。	

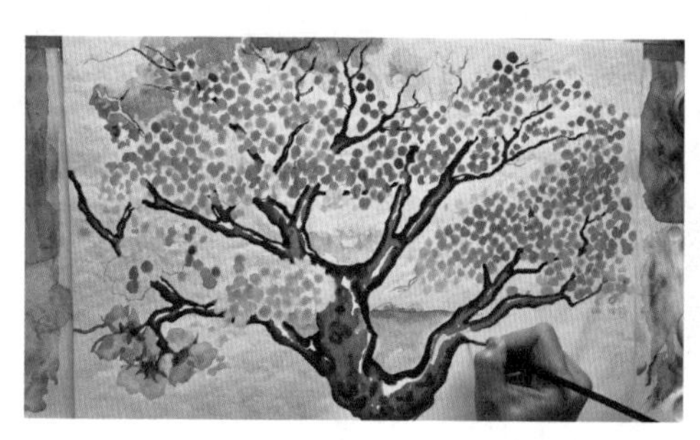

图2-14　模拟画家的创作过程

同样的，当一个人在Sora模拟的世界中吃汉堡时，他能够留下咬痕，相关示例如图2-15所示。这种咬痕不仅增加了场景的真实性，还为观众提供了关于人物行为和食物状态的额外信息。通过这种表现方式，Sora使得虚拟世界中的物体和角色能够以更加自然和逼真的方式与观众进行交互。

【示例18】：模拟人物吃汉堡的场景

Prompt	a man in glasses is eating a hamburger in a restaurant or bar, with a lot of condiments, deep focus, realism.	 扫码看案例效果
提示词	一个戴眼镜的男人正在餐馆或酒吧里吃汉堡，汉堡上有很多调味品，焦点很深，很现实。	

图 2-15　模拟人物吃汉堡的场景

2.2.4　模拟数字世界：探索与创造的无界数字世界

扫码看教学视频

Sora的模拟能力不仅限于现实世界，它同样可以模拟数字世界中的“人工过程”。以视频游戏为例，Sora能够轻松应对这一挑战。在《我的世界》这款游戏中，Sora不仅可以运用基本策略来控制玩家的行动，还能以极高的保真度呈现出游戏世界及其动态变化，相关示例如图2-16所示。这种双重能力的结合，使得Sora在游戏模拟领域具有巨大的潜力。

【示例 19】：模拟《我的世界》游戏场景

Prompt	In the game scene of Minecraft, a pink pig is on the grass, with trees and shrubs in the background and blue sky in the background.	扫码看案例效果
提示词	在《我的世界》的游戏场景中，一头粉红色的猪在草地上，背景是乔木和灌木，背景是蓝天。	

图 2-16

图 2-16　模拟《我的世界》游戏场景

★ 知 识 扩 展 ★

“人工过程”通常指的是由人设计、控制和执行的一系列操作步骤或流程。这些过程是为了达到某个特定目的，而由人类智能所创造和管理的。

Sora 模拟的“人工过程”，通常指的是 Sora 能够理解和模拟那些原本需要人类参与或控制的过程。例如，在视频游戏中，Sora 可以模拟玩家在游戏中的行为，这些行为原本是由人类玩家通过控制器或键盘、鼠标等输入设备来执行的。通过学习和模拟这些“人工过程”，Sora 可以在没有人类直接参与的情况下，自主地与游戏环境进行交互，并产生类似于人类玩家的游戏行为。

值得一提的是，Sora的这些功能可以通过零样本学习的方式来实现。这意味着，在没有任何先验知识的情况下，只需通过简单的提示词，如带有Minecraft（《我的世界》）的文本指令，Sora就能够理解并模拟出与该游戏相关的行为和场景。

2.2.5　复杂元素生成能力：打造出逼真的虚拟场景

扫码看教学视频

Sora展现出了卓越的复杂场景和角色等元素的生成能力，它能够轻松生成包含众多角色、各种运动类型，以及主题鲜明、背景细节丰富的复杂场景，相关示例如图2-17所示。

【示例 20】：一大堆老式电视播放着不同的节目

Prompt	The camera rotates around a large stack of vintage televisions all showing different programs—1950s sci-fi movies, horror movies, news, static, a 1970s sitcom, etc, set inside a large New York museum gallery.	 扫码看案例效果
提示词	摄像机环绕着一大堆老式电视机旋转，这些电视机播放着不同的节目——20 世纪 50 年代的科幻电影、恐怖电影、新闻、静像、20 世纪 70 年代的情景喜剧等，这些电视机被放置在纽约一家大型博物馆的展厅里。	

图 2-17　一大堆老式电视播放着不同的节目

无论是生动的角色表情，还是复杂的运镜技巧，Sora都能游刃有余地创造出来，这使得其生成的视频不仅具有高度逼真性，还具备引人入胜的叙事效果，让观众仿佛置身于一个真实而又充满故事的世界之中。

Sora还具备强大的角色动画生成能力，它能够模拟人物、动物等角色的动作和表情，使得生成的视频内容在角色表现上更加生动和有趣，相关示例如图2-18所示。无论是角色的动作还是表情，Sora都能够准确地模拟出这些状态，让角色更加逼真地展现在用户面前。

Sora的强大能力不仅体现在单个角色的塑造上，更在于对整个场景的全面掌控，它甚至还能够模拟不同场景之间的交互行为和联系，使得生成的视频内容在场景转换上更加流畅和自然。

总之，无论是从室内到室外，还是从白天到黑夜，Sora都能够准确地模拟出这些场景的转换，为用户带来连贯而完整的视觉体验；无论是角色的动作、表情，还是场景的布局、光影，Sora都能精准把握，呈现出令人惊叹的视觉效果。这种对细节的极致追求，使得Sora在视频生成领域独树一帜。

【示例21】：逼真的动画特写场景

Prompt	Animated scene features a close-up of a short fluffy monster kneeling beside a melting red candle. The art style is 3D and realistic, with a focus on lighting and texture. The mood of the painting is one of wonder and curiosity, as the monster gazes at the flame with wide eyes and open mouth. Its pose and expression convey a sense of innocence and playfulness, as if it is exploring the world around it for the first time. The use of warm colors and dramatic lighting further enhances the cozy atmosphere of the image.	 扫码看案例效果
提示词	动画场景特写镜头展现了一个矮小的毛茸茸的怪物跪在一根正在熔化的红蜡烛旁边。这种艺术风格是3D和逼真的，注重照明和纹理。怪物睁着大大的眼睛，张着嘴巴凝视着火焰，这个画面充满了惊奇和好奇。它的姿势和表情给人一种天真和顽皮的感觉，就好像它第一次探索周围的世界一样。温暖的色调和戏剧性的照明进一步增强了图像温馨的氛围。	

图2-18　逼真的动画特写场景

总之，Sora的复杂场景与角色生成能力，为其在视频生成领域的应用提供了无限可能。无论是电影制作、广告创意还是游戏开发，Sora都能凭借其卓越的能力，为用户提供强大的支持，助力他们打造出更加精彩、逼真的虚拟世界。

2.2.6　多镜头生成能力：呈现出丰富的视觉盛宴

扫码看教学视频

Sora具备在同一样本中生成同一角色的多个镜头的能力，这意味着在整个视频中，同一角色的外观、动作和表情都能得到一致的保持，这一特性对于制作需要多个角度、多个场景呈现同一角色的视频来说尤为重要。

Sora的多镜头生成能力，在电影预告片、动画制作，以及其他需要多视角展示的场景中尤为实用。通过Sora，用户可以灵活地在不同镜头间切换，展现角色的不同面貌和动作，同时保持整体视觉效果的连贯性和一致性，相关示例如图2-19所示。这种多镜头生成技术不仅提升了视频制作的效率和灵活性，还为观众带来了更加丰富和多样的视觉体验。

【示例 22】：用不同的镜头展示的机器人

Prompt	The story of a robot's life in a cyberpunk setting.
提示词	一个机器人在赛博朋克环境中的生活故事。

扫码看案例效果

图 2-19 用不同的镜头展示的机器人

在电影预告片的制作中，通过Sora的多镜头生成能力，能够快速地生成多个具有紧张感和悬念的镜头，将观众带入电影的氛围；在动画制作领域中，Sora则可以轻松创建出多个角度、不同视点的镜头，使得动画角色和场景更加生动和立体。Sora的应用不仅能够缩短视频制作周期，还提高了作品的质量和观赏性。

总的来说，Sora的多镜头生成能力为视频制作领域带来了革命性的变革，它使得用户能够以前所未有的方式展示角色和故事，为观众呈现出更加精彩、丰富的视觉盛宴。随着技术的不断发展，我们有理由相信，Sora将在未来的视频制作领域发挥更加重要的作用。

★ 知 识 扩 展 ★

总之，Sora 这些强大的功能揭示了一个前景广阔的路径：通过不断地扩展和提升视频模型的规模和性能，有望开发出能够高度模拟物理世界和数字世界的先进模拟器。这些模拟器将不仅能够精准地再现现实世界中的物体、动物和人物，还能深入模拟它们在各种环境下的行为、互动和演变。

这将为人们提供一个全新的视角和工具，用于研究现实世界的复杂系统，探索未知领域的可能性，以及创造更加丰富和逼真的虚拟体验。随着 AI 技术的不断进步，我们有理由相信，未来的视频模型将在模拟物理和数字世界的道路上取得更加辉煌的成就。

2.3 Sora 面临的一些局限性和挑战

在探索前沿技术的过程中，我们不可避免地会遇到各种局限性和挑战。对于OpenAI的Sora，尽管它已经在视频创作领域取得了令人瞩目的进展，让专业人士和爱好者都能轻松创作出高质量的视频，但它同样面临着一些技术和实践上的限制，本节将会进行简单介绍。

这些局限性可能来自于算法本身的复杂度、数据处理的能力瓶颈，或者与用户体验相关的种种问题。然而，正是这些挑战推动着AI视频生成技术的不断进步和创新。通过深入研究Sora所面临的局限性和挑战，我们可以更好地理解AI视频生成技术的边界，并为未来的发展指明方向。

2.3.1 模拟物理世界的局限性

扫码看教学视频

尽管Sora已经展现出了生成具有相当复杂度的动态场景的能力，但在模拟物理世界的精确性方面，它仍然面临着一些局限性。

例如，当面对像玻璃杯破碎这样的基础物理交互时，它往往难以做到精确模拟，无法完全还原真实世界中的物理效果，如图2-20所示。同样的，在处理其他类型的交互，比如吃东西这样的动作时，Sora也时常会出现物体状态变化不准确的情况。

【示例23】：破碎的玻璃杯

Prompt	a glass filled with red liquid and ice was knocked over, and the red liquid spilled on the table.	扫码看案例效果
提示词	一个装着红色液体和冰块的玻璃杯被打翻，红色液体洒在桌子上。	

图2-20　Sora模拟玻璃杯破碎这类精细的物理交互过程

从图2-20中可以看到，在玻璃杯还没有破碎的时候，杯中的红色液体就已经漏出来了。这显然违背了物理世界的常规逻辑，因为在真实的情况下，只有当玻璃杯破碎后，杯中的液体才有可能流出。

造成这种局限性的主要原因在于，Sora当前的训练数据集中缺乏足够的相关实例，这使得模型难以充分学习和理解这些过于复杂的物理现象。为了克服这一挑战，可以采取以下策略。

❶ 扩大训练数据集是关键。Sora团队需要集成更多包含复杂物理交互的高质量视频数据，以此来丰富Sora的学习样本。通过引入更多样化的场景和物理现

象，可以帮助模型更好地理解和模拟物理世界的各种细节和变化过程。

❷ 物理引擎的集成也是一个重要的方向。通过在Sora的框架中集成物理引擎，可以让模型在生成视频时参考物理规则，从而提高物理交互的真实性。物理引擎能够提供精确的力学计算和模拟能力，使得Sora在处理复杂物理场景时能够更加准确和逼真，这将有助于进一步提升Sora在模拟物理世界方面的能力，使其能够更好地适应各种复杂的场景和需求。

当然，任何一款产品在初期都难免会有这样那样的缺陷和不足。因此，Sora团队在Sora的登录页面上详细列出了它的一些常见故障模式，如长时间运行样本时可能出现的不连贯性，以及物体在场景中突然出现的诡异现象等。对于这样做的目的，一方面是为了让用户在使用前能对Sora的局限性有一个全面的了解；另一方面，也是希望借助用户的反馈和建议，帮助Sora更好地发现问题、改进产品。

2.3.2 生成长视频的难度

扫码看教学视频

Sora在生成较长时间的视频时，所面对的另一个重大挑战是确保视频内容在长时间跨度内保持高度的一致性。随着视频长度的增加，维持其中人物、物体及场景之间的连贯性和逻辑一致性变得尤为棘手。

在某些情况下，Sora可能会在视频的不同段落中产生明显的矛盾，如人物的服装突然发生无逻辑的变换，或者场景中的物体位置出现不自然的跳跃和变化。例如，下面这个视频中的椅子就出现了明显的变形，相关示例如图2-21所示。

在这个具体的示例中，Sora暴露出了一个明显的不足，那就是它在处理像椅子这样的刚体对象时存在困难。由于未能将椅子准确地建模为一个具有固定形状和不可变形特性的刚体对象，Sora在模拟物理交互行为时产生了显著的不准确性。这种不准确性可能表现为椅子在受到外力作用时的不自然变形，或者与其他物体交互时产生的不符合物理规律的效果。

为了改进这一点，未来的Sora版本需要加强对刚体对象的建模能力，确保在模拟物理世界时能够更准确地还原物体的真实行为和交互效果。

【示例24】：在沙漠中发现的塑料椅子

Prompt	Archeologists discover a generic plastic chair in the desert, excavating and dusting it with great care.	 扫码看案例效果
提示词	考古学家在沙漠中发现了一把普通的塑料椅子，他们小心翼翼地挖掘和除尘。	

图 2-21 在沙漠中发现的塑料椅子

一个显著的弱点在于Sora在某些情况下展现出了物理建模的不准确性，以及物体形态变化时不自然的“变形”现象。具体来说，当模拟物体间的交互或物体自身的动态变化时，Sora有时无法准确地反映物理世界的真实规律，相关示例如图2-22所示。这可能导致物体在受到力的作用时表现出不符合实际情况的运动轨迹，或者在形态转变过程中出现不连贯、突兀的“跳跃”式变化。

为了提升Sora的性能，未来的改进方向应包括增强物理建模的精确性和确保物体形态变化的自然流畅性，相关策略如下。

【示例 25】：篮球通过篮筐后爆炸

Prompt	Basketball through hoop then explodes.	扫码看案例效果
提示词	篮球通过篮筐后爆炸。	

图 2-22　篮球通过篮筐后爆炸

❶ 增强模型对时间连续性和逻辑一致性的学习能力至关重要。通过改进训练算法，可以使Sora更好地理解视频内容在时间维度上的连贯性，并学会如何在生成过程中保持这种一致性，以便它能够更准确地捕捉和模拟视频中的动态变化。

❷ 序列化处理是解决视频一致性问题的另一种有效的方法。在视频生成的过程中，可以采取逐帧生成的方式，按照时间顺序依次处理每一帧，可以确保视频的每一帧都与前一帧和后一帧都保持高度的一致性，避免出现跳跃或矛盾的情况。

2.3.3　理解复杂提示词的准确性

扫码看教学视频

尽管Sora在解读基础文本指令并据此产出相应视频方面展现出了不俗的实力，然而在面对那些错综复杂、蕴含多层含义或需要精细刻画特定场景的提示词时，该模型往往会显得力不从心，这一局限性无疑制约了Sora在更高层次的创意性内容生成领域的应用与发展。

当提示词非常复杂时，Sora尝试模拟物体与众多角色之间错综复杂的交互作用，往往会面临巨大的挑战。由于这种交互的复杂性，Sora有时难以准确地捕捉和模拟每个实体的行为和相互作用，从而导致了一些出乎意料且带有幽默色彩的生成结果。这些结果可能包括物体以不合逻辑的方式进行移动，或者人物角色表现出荒谬的行为举止，相关示例如图2-23所示。

从图2-23所示的示例中可以看到，对Sora来说，处理这样详细且复杂的提示词可能会是一个挑战。这个提示词中包含许多具体的细节，如祖母的服饰、蛋糕的外观、场景中的其他人物，以及整体的气氛和视角等，要准确地将所有这些元素融合到一个连贯的视频中，需要模型具备高度的语言理解能力和视频生成能力。

【示例 26】：庆祝生日的温馨家庭场景

Prompt	A grandmother with neatly combed grey hair stands behind a colorful birthday cake with numerous candles at a wood dining room table, expression is one of pure joy and happiness, with a happy glow in her eyes. She leans forward and blows out the candles with a gentle puff, the cake has pink frosting and sprinkles and the candles cease to flicker, the grandmother wears a light blue blouse adorned with floral patterns, several happy friends and family sitting at the table can be seen celebrating, out of focus. The scene is beautifully captured, cinematic, showing a 3/4 view of the grandmother and the dining room. Warm color tones and soft lighting enhance the mood.	 扫码看案例效果
提示词	一头发梳得整整齐齐的祖母站在木餐桌旁一个五颜六色的生日蛋糕后面，蛋糕上有许多蜡烛，她的表情是纯粹的喜悦和幸福，眼睛里闪烁着幸福的光芒。她身体前倾，轻轻地吹了吹蜡烛，蛋糕上有粉红色的糖霜，蜡烛不再闪烁，祖母穿着一件带有花卉图案的浅蓝色上衣，可以看到几个快乐的朋友和家人坐在桌子旁庆祝，焦点不清。这一场景被完美地捕捉到，像电影一样，展现了祖母和餐厅的 3/4 视图。暖色调柔和的灯光提升了心情。	

图 2-23

图 2-23　庆祝生日的温馨家庭场景

然而，目前的模型可能在处理这种级别的复杂性时还存在一些限制。Sora可能难以捕捉到提示词中的所有细节，或者在尝试将这些细节整合到一起时出现困难，这可能导致生成的视频与原始描述之间存在一些差异或遗漏。为了改进这种情况，可以考虑以下几种方法。

❶ 提升语言模型的复杂度和精确性是当务之急。通过优化Sora内置的语言理解模块，可以使其具备更强的文本解析能力，从而能够更准确地捕捉到复杂文本指令中的关键信息和细微差别。这不仅能够加深模型对提示词本身的理解，还有助于其在视频生成过程中更精准地还原文本指令中的细节和意图。

❷ 引入更为先进的文本预处理流程也至关重要。通过将复杂的文本指令分解为若干个简单且易于模型理解的子任务，可以有效降低Sora的处理难度。这种“分而治之”的策略允许模型逐个击破各个子任务，最终再将它们有机地整合成一个完整的视频作品。这种方法不仅可以提高视频生成的效率和准确性，还有助于保持内容的连贯性和一致性。

2.3.4　训练模型的复杂性

扫码看教学视频

Sora作为一个高度复杂的模型，其训练难度是一个不容忽视的挑战，这不仅是因为模型本身包含的参数量巨大，需要处理的数据量也同样庞大，而且要求训练算法具备高度的优化能力和稳定性。此外，Sora的复杂性还体现在其需要模拟和学习的各种复杂现象和交互作用上，这对训练过程提出了更高的要求。

当用户给出一个指示，期望Sora能够生成一系列连贯且真实的跑步动作画面时，这里存在一个明显的挑战：在处理复杂动作场景时，Sora模型有时会生成物理上不合理或不可能的动作，相关示例如图2-24所示。

【示例 27】：35 毫米电影风格的跑步动作场景

Prompt	Step-printing scene of a person running, cinematic film shot in 35mm.	扫码看案例效果
提示词	一个人跑步的步骤打印场景，35 毫米电影胶片。	

图 2-24　35 毫米电影风格的跑步动作场景

这种弱点的根源在于训练模型的复杂性，要准确模拟和生成像跑步这样的动态场景，模型需要深入理解人体运动学、肌肉动力学及重力等物理因素对人体运动的影响，这需要大量的数据和复杂的算法来捕捉这些细微但至关重要的细节。

然而，即使有了足够的数据和先进的算法，训练一个能够完美模拟人体运动的模型仍然是一个巨大的挑战，这是因为人体运动具有高度复杂性和非线性，涉及多个关节和肌肉群的协同工作。此外，不同的个体在跑步时也会有独特的风格和节奏，这进一步增加了模拟的难度。

因此，当Sora试图生成跑步等复杂的动作时，它可能会因为缺乏对这些物理和生物力学因素的深入理解而产生不自然的动作。这些动作可能看起来僵硬、不连贯，甚至违反物理定律，从而降低了生成场景的真实感和可信度。为了克服这一挑战，需要采取如下一系列有效的策略。

❶ 更加专注于提高模型对人体运动和物理交互的理解能力。这可能包括引入更先进的物理引擎、开发专门用于模拟人体运动的算法，以及收集更多真实世界的人体运动数据来训练模型。

❷ 考虑使用分布式训练技术，将训练任务分解到多个计算节点上并行处理，从而加快训练速度并提高模型的扩展性。

❸ 利用自动化超参数调优工具来优化模型的训练配置，减少手动调整参数的工作量并提高训练效果。

❹ 引入更先进的训练算法和正则化技术，增强模型的泛化能力和稳定性。

❺ 重视训练数据的质量和多样性。高质量的训练数据可以提高模型的训练效果和泛化能力，而多样化的数据则有助于模型学习到更丰富的特征和模式。

❻ 增加训练数据。通过提供更多的训练样本，特别是那些包含类似复杂场景和细节的样本，可以帮助模型更好地学习和理解这些特征，并有助于提高模型在处理类似提示词时的性能。

❼ 改进模型架构：研究并开发更先进的模型架构，以更好地捕捉和处理复杂的图像细节，这可能包括使用更深的神经网络结构、引入注意力机制或采用其他先进的技术手段。

2.3.5 提升视频生成的时效性

扫码看教学视频

Sora生成视频的时效性问题成为Sora当前面临的一大挑战。在实际应用中，用户往往期望能够快速获得生成的视频结果。然而，由于Sora模型的复杂性和计算需求的庞大，生成视频可能需要较长时间。这种时间上的延迟不仅影响了用户体验，也限制了Sora在需要即时反馈的场景中的应用。

例如，在处理包含大量实体的复杂场景时，Sora需要确保动物或人物的出现和行动都是自然流畅的，而不是突然或意外地插入到场景中，相关示例如图2-25所示。

【示例 28】：偏僻路上小狼嬉戏的场景

Prompt	Five gray wolf pups frolicking and chasing each other around a remote gravel road, surrounded by grass. The pups run and leap, chasing each other, and nipping at each other, playing.	扫码看案例效果
提示词	5 只灰狼幼崽在草地环绕的一条偏僻的砾石路上嬉戏追逐。小狼们奔跑跳跃，互相追逐，互相撕咬，嬉戏玩耍。	

图 2-25　偏僻路上小狼嬉戏的场景

这一挑战主要源于视频生成本身的复杂性，与静态图像不同，视频是由一系列连续帧组成的动态场景。每一帧都需要模型进行精确的计算和渲染，以确保实体之间的交互和动作在时间和空间上都是连贯的。当场景中包含多个实体时，如5只小狼互相追逐嬉戏，模型需要同时处理这些实体的动作、位置和交互，这大大增加了计算的复杂性和时间成本。

为了提升视频生成的时效性，Sora需要在保证生成质量的前提下，优化模型的计算效率和渲染速度。这可能需要采用更高效的算法、优化模型架构或利用更强大的计算资源。同时，Sora还需要考虑如何在生成过程中实现并行化和分布式计算，以进一步加快视频生成的速度，相关优化策略如下。

❶ 优化Sora模型的计算效率是关键。通过对模型结构进行精细化调整，减少不必要的计算步骤，可以提高模型的运行速度，从而缩短视频生成的时间。此外，采用更高效的算法和并行处理技术也是提升计算效率的有效途径。

❷ 考虑引入硬件加速技术。利用高性能计算资源，如GPU或专用加速器，可以大幅提升Sora模型的计算能力，进而加快视频生成的速度。这种硬件层面的优化，能够显著提升Sora在实际应用中的响应速度。

★ 知 识 扩 展 ★

图形处理器（Graphic Processing Unit，GPU），一种专门设计用于高效并行处理大量数据的处理器，特别适用于渲染图像和执行复杂的计算任务。GPU 的功能主要是将计算机系统中的数据转换成显示器可以显示的图形或图像，并处理和执行相关的数学和几何计算。

❸ 探索异步生成和流式处理的技术。通过将视频生成过程分解为多个阶段，并允许不同阶段之间进行并行处理，可以实现视频内容的逐步生成和流式输出。这种方法能够在生成过程中逐步展示结果，而不是等待整个过程完成后才能查看，从而提高了用户的等待容忍度。

尽管Sora目前还存在上述问题，但我们依然对Sora的未来充满了信心。因为从它目前已经展现出的能力来看，视频模型的持续扩展确实是一条充满希望的发展道路。沿着这条路走下去，我们有理由相信，未来的Sora将会变得更加成熟、更加强大，不仅能够更加准确地模拟物理和数字世界中的各种现象和交互行为，还能够为我们创造出更加丰富、更加逼真的虚拟体验。

第 3 章
技术原理：解析Sora的技术特性与优势

OpenAI的Sora视频生成模型自发布以来，以其强大的技术特性和优势引起了人们的广泛关注。本章将深入解析Sora的技术特性与优势，探讨其背后的技术原理和实现方式。通过对Sora的深入剖析，我们可以更好地理解其在AI视频领域的创新之处，同时也为其他相关领域的技术发展和应用推广提供有益的借鉴和指导。

3.1 解析Sora的技术原理

作为一款引领短视频创作新时代的人工智能工具，Sora不仅是一个简单的创作平台，更是一个集成了先进算法和模型架构的复杂系统。本节主要介绍Sora的基本技术原理，让读者能够对Sora有一个全面而深入的理解。

3.1.1 Sora如何根据文本生成内容——Diffusion模型

扫码看教学视频

Sora采用了基于扩散变换器（Diffusion Transformer，DiT）的架构，这种模型通过逐步去除视频中的噪声来生成视频，首先从看似静态噪声的视频片段开始，通过多个步骤逐步移除这些噪声，最终将视频从最初的随机像素转化为清晰的图像。

Sora的出现，为人们提供了一种全新的视频生成方式。作为一种Diffusion（扩散）模型，Sora能够从给定的噪声块中预测出原始、清晰的视频帧，如图3-1所示，这一特性使得Sora在视频处理和生成领域具有广泛的应用前景。

图3-1　Sora能够从给定的噪声块中预测出原始、清晰的视频帧

值得注意的是，Sora不仅仅是一个简单的扩散模型，它还是一个扩散变换器。变换器作为一种强大的深度学习架构，已经在语言建模、计算机视觉和图像生成等多个领域展现了出色的性能。因此，将扩散模型与变换器结合，使得Sora在视频生成方面具备了更强的扩展性和灵活性。

★ 知识扩展 ★

变换器（Transformer）是一种深度学习模型架构，特别是在自然语言处理领域取得了显著的成果。变换器的核心思想是通过自注意力机制（self-attention mechanism）来捕捉输入数据中的依赖关系，从而实现对输入数据的有效表示。

在自然语言处理任务中，变换器能够理解和生成复杂的语言结构，实现了诸如机器翻译、文本摘要、对话生成等多种任务。除了自然语言处理，变换器模型也被广泛应用于其他领域，如计算机视觉和图像生成。在这些领域中，变换器通过捕捉图像中的空间依赖关系，实现了对图像的有效表示和生成。

具体到 Sora，它采用了 Diffusion Transformer 架构，这意味着 Sora 结合了扩散模型和变换器的优点，能够从随机噪声中逐渐生成有意义的图像或视频内容。通过训练，Sora 模型能够学习如何从给定的噪声块中预测出原始、清晰的视频帧，展示了在视频生成领域的强大潜力。

下面通过对比不同训练阶段的视频样本，可以清晰地看到Sora模型在训练过程中的逐步改进，如图3-2所示。从下图中可以看到，随着计算资源的增加，Sora生成的视频样本质量得到了显著的提升，这充分证明了Sora这个扩散模型在视频生成方面的强大潜力和应用价值。

图 3-2　Sora 模型在训练过程中的逐步改进

总结为一句话，那就是Sora利用文本条件化的Diffusion模型生成内容。大家可以想象涂鸦草稿本，起初是无意义的斑驳笔迹。若指定“小狗”主题并优化笔迹，最终会呈现逼真的小狗图像。

类似的，Sora从随机噪声视频开始，根据文本提示（如“雪地上的小狗”）逐步修改，并利用视频和图片数据知识去除噪声，生成接近文本描述的内容。此过程并非一蹴而就的，而是需要数百个渐进步骤，最终生成与文本相符但画面各异的视频。

3.1.2 Sora如何处理复杂视觉内容——时间空间补丁

扫码看教学视频

Sora从大型语言模型（Large Language Model，LLM）中获得灵感，这些模型通过训练互联网级规模的数据来获得通用能力。LLM范式之所以成功，部分原因归功于使用了令牌（Tokens）。这些令牌能够将文本的多种模态——代码、数学和各种自然语言——统一起来，为模型提供了一种简洁且高效的方式来处理和理解数据。

与LLM使用文本令牌不同，Sora模型使用视觉补丁（又称为视觉块）作为数据的表示方式。补丁是一种特定的数据结构，它能够将图像或视频分解为更小的、易于处理的部分。之前的研究已经证明，补丁是视觉数据模型的有效表示方式，因为它们能够捕捉图像的局部特征和结构，同时保持全局信息。

那么，如何将视频转换为补丁呢？首先，需要对视频进行压缩。这里的压缩不是指减少视频的文件大小，而是将其映射到一个较低维度的潜在空间。这种潜在空间能够捕捉视频的主要特征，同时去除冗余和噪声。通过这种方法，可以将复杂的视频数据转化为一个更简洁、更易于处理的表示。

接下来，将这个低维表示分解为时间空间补丁（Time-Space Patches，又称为时空补丁或时空块），即将视频分解为一系列的时间和空间上的小块，如图3-3所示，每个块都包含视频在特定时间和位置的信息。这种分解方式使得模型能够更好地理解和生成视频内容，因为它可以专注于处理每个小块，而不是整个视频帧。

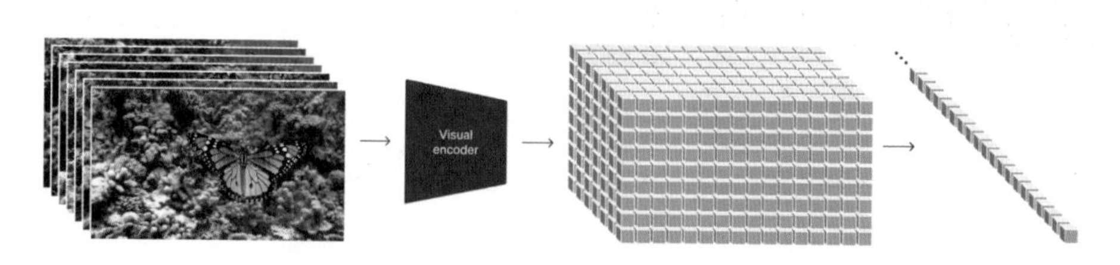

图3-3　将视频分解为一系列的时间和空间上的小块

Visual encoder（视觉编码器）在将视频转换为时间空间补丁的过程中起着关键的作用。Visual encoder的主要任务是从原始视频数据中提取有意义的信息，并将其转化为模型可以理解和处理的格式。Visual encoder通常使用深度学习技术，如卷积神经网络（Convolutional Neural Network，CNN）或Transformer模型来执行这一任务。

★ 知 识 扩 展 ★

卷积神经网络是一种包含卷积计算且具有深度结构的前馈神经网络，是深度学习的代表算法之一。卷积神经网络具有表征学习能力，能够按其阶层结构对输入信息进行平移不变分类，因此也被称为"平移不变人工神经网络"。卷积神经网络特别适合处理具有网格结构的数据，如图像、视频和音频等。

3.1.3　Sora如何生成连贯的视频序列——循环神经网络

扫码看教学视频

Sora的技术路线涉及多个方面，包括视频压缩网络、时空补丁提取等步骤，并且其训练方法是基于大规模训练的生成式模型。在技术细节上，Sora使用了循环神经网络（Recurrent Neural Network，RNN）和长短期记忆网络（Long Short-Term Memory，LSTM）作为核心技术。

❶ 循环神经网络是一种特殊的神经网络架构，主要用于处理序列数据，如文本、语音、时间序列等。RNN以序列数据作为输入，在序列的演进方向上进行递归（recursion），且所有节点（循环单元）按链式结构来进行连接。

★ 知 识 扩 展 ★

RNN 具有记忆性、参数共享及图灵完备（Turing Completeness）等特性，这使得它在处理序列的非线性特征时具有优势。

RNN 的结构包括一个循环单元和一个隐藏状态，其中循环单元负责接收当前时刻的输入数据，以及上一时刻的隐藏状态，而隐藏状态则同时影响当前时刻的输出和下一时刻的隐藏状态。

❷ 长短期记忆网络是一种特殊类型的循环神经网络，主要用于处理和预测序列数据的重要模型，可以有效解决传统循环神经网络存在的长期依赖问题。LSTM通过引入记忆单元来解决这个问题，这个记忆单元可以记住之前的信息，并在需要的时候使用这些信息。

循环神经网络能够处理前后相关性和时序性，从而生成连贯的视频序列。Sora使用循环神经网络生成连贯的视频序列主要通过以下几个步骤实现。

❶ 文本条件扩散模型的联合训练：Sora与文本条件扩散模型进行了联合训练，这意味着模型能够处理不同持续时间、分辨率和宽高比的视频和图像。这种联合训练方式，使得Sora能够根据用户的文本描述，生成时间长达60秒、分辨率高达1080P的高质量视频，同时这些视频包含精细复杂的场景、生动的角色表情，以及复杂的镜头运动，相关示例如图3-4所示。

【示例 29】：中国农历新年庆祝视频

Prompt	A Chinese Lunar New Year celebration video with Chinese Dragon.	扫码看案例效果
提示词	一个带有中国龙元素的中国农历新年庆祝视频。	

图 3-4　中国农历新年庆祝视频

❷ 在时空块上操作的变换器架构：Sora利用了一种在视频和图像潜码的时空块上操作的变换器架构，这种架构允许模型在视频和图像上进行操作，从而生成基于时间和空间的视频序列。

❸ 视觉块（visual patch）的表示：在Sora中，视觉块的表示是一种创新的方法，它借鉴了大型语言模型的成功经验，将视觉数据转化为一种高效且可扩展的表示形式。这种表示法不仅提高了模型的性能和通用性，还为视觉数据的处理和分析提供了新的可能性。

❹ 扩展变换器的计算：在视频生成的过程中，Sora的扩展变换器还会进行一系列复杂的计算，包括注意力机制等。这些计算有助于模型理解和生成视频中的连贯动作和场景变化，从而实现视频的连贯性。

3.1.4　Sora如何生成不同风格的视频——生成对抗网络

扫码看教学视频

Sora通过生成对抗网络生成不同风格的视频，主要得益于其采用的扩散变换器架构。这种架构基于深度学习技术，能够将随机噪声逐渐转化为有意义的图像或视频内容。扩散模型是一种特殊的生成对抗网络（Generative Adversarial Networks，GAN）模型，它在生成过程中会不断地调整模型的参数，以达到最优的性能和质量。

生成对抗网络是一种深度学习模型，用于生成新的数据样本，如图片、音频和文本等。GAN由两个互相对抗的神经网络组成：生成器（Generator）和判别器（Discriminator）。生成器的任务是生成新的数据样本，而判别器的任务则是判断输入的数据样本是否真实。

生成不同风格的视频需要选择合适的GAN模型，并通过大量的数据训练，控制视频生成风格，解决视频生成过程中的问题，相关步骤如下。

❶ 选择合适的GAN模型：根据视频的特点（如长度、内容等）选择适合的GAN模型。例如，OpenAI发布的Sora模型支持生成60秒超长时间的视频，这表明它适用于长视频的生成。

❷ 训练GAN模型：通过大量的视频数据训练生成器和判别器。生成器通过学习生成视频的能力，判别器则通过学习判断视频是否为真实生成。这个过程涉及对生成器和判别器进行优化，以提高生成视频的质量。

★ 知 识 扩 展 ★

在 GAN 的训练过程中，生成器和判别器会进行对抗训练，不断改进和优化各自的参数。生成器试图生成更加逼真的数据样本，以欺骗判别器；而判别器则努力识别出输入的数据样本是否为真实数据，或者由生成器生成的假数据。通过这种对抗过程，生成器和判别器都会逐渐提高自己的性能。GAN的主要应用包括图像生成、图像修复、风格迁移等。

❸ 控制生成风格：GAN可以通过调整潜在因子z来控制生成内容的类型和风格。原版GAN基于潜在因子z生成图像，但为了更好地控制风格，可能需要在每个卷积层生成数据时发挥更主要的作用。此外，还可以通过引入额外的时间维度来控制和修改复杂的视觉世界。

❹ 解决视频生成问题：在视频生成过程中，可能会遇到纹理粘连（texture sticking）等问题。例如，StyleGAN-V生成的视频中出现了严重的纹理粘连现象，而StyleGAN3通过细致的信号处理、扩大填充（padding）范围等操作缓解了纹理粘连问题。

★ 知识扩展 ★

在视频生成过程中，纹理粘连是一种常见的问题，它指的是生成的部分内容对特定坐标产生了依赖，造成“黏”在固定区域的现象。具体来说，这可能导致某些图像元素或纹理在连续帧之间不自然地重复或保持不变，而没有随时间移动或变化。例如，下面这个视频中的鹰就像是被“黏”在了画面中，无法向前飞行，如图3-5所示。这种纹理粘连现象破坏了视频的连贯性和自然性，使得生成的视频看起来不真实或人工痕迹明显。

扫码看案例效果

图3-5 纹理粘连的视频示例

纹理粘连问题通常与视频生成模型的架构和训练方式有关。例如，在StyleGAN-V等生成模型中，如果模型没有充分学习到时序信息或缺乏适当的信号处理机制，就可能出现纹理粘连现象。此外，生成模型中的参数设置、损失函数的选择等也可能影响纹理粘连的程度。

为了解决纹理粘连问题，一种常见的方法是引入细致的信号处理机制，如扩大padding范围等，来缓解纹理粘连现象。此外，还可以尝试将图像层面的预训练引入视频生成模型，以提高图像生成质量并减少纹理粘连问题。

❺ 实现视频合成：对抗生成网络可以用于将不同的视频片段进行合成。通过训练生成器，可以使其学习到不同视频片段之间的关系，从而实现视频的合成。例如，可以将多个视频片段组合成一个完整的视频，或者将特定风格的片段融入视频。

在视频生成方面，扩散模型能够学习到输入视频的特征，并将这些特征与随机噪声相结合，生成出具有特定风格或效果的视频。此外，Sora还引入了视频压缩网络技术，将输入的图片或视频压缩成一个更低维度的表示形式，便于后续处理。这一过程不仅提高了视频的可压缩性，也为后续的视频生成提供了便利。

Sora的技术特点还包括其多功能性，它能够对现有图像或视频进行编辑，基于文本提示进行变换，无论是创建无缝循环、动画，还是改变视频的环境或风格，Sora都能轻松应对。这使得Sora能够生成具有多个角色、特定类型运动，以及精确主题和背景细节的复杂场景，并且能够模拟物理效果。

3.1.5 Sora如何加快视频的生成速度——自回归变换器

扫码看教学视频

Sora加快视频生成速度的方法主要体现在其采用了自回归变换器（Autoregressive Transformers）。自回归变换器是一种基于Transformer的模型，它通过自注意力机制来捕捉序列数据的长期依赖关系，从而在视频生成过程中能够更有效地处理长序列数据。

Sora模型的自回归变换器架构的技术特点主要包括以下几点。

❶ 时空块操作：Sora模型采用了时空补丁的概念，这是自回归变换器和扩散模型中的一个关键方法，通过将不同图像的多个补丁打包到单个序列中，展示了显著的训练效率和性能增益。

★ 知识扩展 ★

时空补丁使得Sora能够在压缩的潜在空间上进行训练，并在此空间中生成视频，同时开发了一个对应的解码器模型，能将生成的潜在表示映射回像素空间，对于给定的压缩输入视频，提取一系列时空区块，它们在变换器模型中充当标记。

❷ 降低视觉数据维度：通过Transformer架构，Sora能够有效地降低视觉数据的维度，从而提高视频生成的效率和质量。

❸ 处理多样化视觉数据：Sora能够处理多样化的视觉数据，并将这些数据统一转换为可操作的内部表示形式，这对生成高质量的视频内容至关重要。

❹ 文本条件化：Sora还利用文本条件化的Diffusion模型，根据文本提示生成与之匹配的视频内容。这种方法使得Sora能够根据不同的文本提示，生成相应的视频内容，提高了模型的灵活性和适应性。

★ 知 识 扩 展 ★

通过与时空补丁相结合，OpenAI 联合训练了文本条件扩散模型，用于生成可变持续时间、分辨率和宽高比的视频和图像。

3.2 Sora 在视频生成过程中的 3 个关键步骤

在前文已经对Sora的技术原理进行简要介绍的基础上，本节将进一步深入解析Sora在视频生成过程中的3大核心步骤：视频压缩网络、时间空间潜在补丁提取和视频生成的Transformer模型。

3.2.1 步骤1：视频压缩网络

扫码看教学视频

Sora训练了一个能够降低视觉数据维度的视频压缩网络，该网络以原始视频作为输入，输出一种在时间和空间上都被压缩的潜在表示。Sora在此压缩的潜在空间中进行训练，随后生成视频，相关示例如图3-6所示。

【示例 30】：一窝金毛寻回犬在雪地里玩耍

Prompt	A litter of golden retriever puppies playing in the snow. Their heads pop out of the snow, covered in.	扫码看案例效果
提示词	一窝金毛寻回犬在雪地里玩耍。它们被雪覆盖着，头从雪中冒了出来。	

图 3-6　一窝金毛寻回犬在雪地里玩耍

这个视频压缩网络在视频生成过程中扮演着至关重要的角色。通过将原始视频压缩为潜在表示，可以去除冗余信息，提高视频的质量和流畅性。这种压缩不仅有助于减少计算资源的需求，还使得在后续的视频生成过程中能够更有效地利用数据。Sora视频压缩网络的技术原理主要包括以下几个方面。

❶ 将视频压缩到低维潜在空间：Sora首先将视频数据压缩到一个低维的潜在空间中，这一过程可以理解为将视觉数据从高维度转换为低维度的表征形式，以便于后续的处理和分析。

❷ 分解为时空块：在压缩后的潜在空间中，Sora会将视频分解为时空块。这些时空块是通过提取输入视频中的关键帧或片段，并将其在时间和空间上进行标记得到的。

❸ 使用Transformer架构：Sora的视频压缩网络是基于Transformer架构完成的，这种架构能够有效地处理视觉数据，特别是视频数据。

❹ 训练解码器模型：为了将生成的时空区块映射回像素空间，Sora还训练了一个解码器模型，该模型用于将生成的潜在表示映射回像素空间，从而生成可视化的视频帧，这使得用户能够直观地查看和评估Sora模型生成的视频质量。

❺ 多模态处理：Sora能够同时处理多种视觉数据，包括视频、图像、文本等。这种多模态处理能力是Sora模型与其他视频生成模型相比一个显著的优势。

总的来说，视频压缩网络就像是一位高效的摄像师。在拍摄电影时，摄像师需要选择合适的角度、光线和拍摄技巧来捕捉最精彩的瞬间。生成视频的过程就像是摄像师在拍摄过程中精心选择镜头，确保捕捉到的画面既清晰又生动。

3.2.2　步骤2：时间空间潜在补丁提取

扫码看教学视频

时间空间潜在补丁提取是指给定一个压缩后的输入视频，Sora会提取出一系列时空补丁，这些补丁充当了转换器令牌。由于图像相当于单帧视频，因此该方案也适用于图像。采用这种基于时空补丁的表示方式，使Sora能够在可变分辨率、持续时间和长宽比的视频和图像上进行训练。

在推理过程中，Sora可以通过在适当大小的网格中排列随机初始化的时空补丁来控制生成相应大小的视频，进一步增强了其在实际应用中的通用性和实用性。

时间空间潜在补丁提取这一步，就像是电影剪辑师的工作。在电影制作过程中，剪辑师需要从拍摄的素材中挑选出最精彩、最具表现力的片段，并进行剪辑和拼接。同样的，时间空间潜在补丁提取就是在压缩后的视频素材中筛选出关键的时间空间信息，形成所谓的潜在补丁，这些补丁就像是电影中的精彩片段。

3.2.3 步骤3：视频生成的Transformer模型

扫码看教学视频

在Sora生成视频过程中，Transformer模型首先接收到时间空间潜在补丁，这些补丁类似于视频内容的详细“清单”，包含视频中的时间和空间信息。接着，Transformer模型会根据这些补丁和文本提示来决定如何调整或组合这些片段，以构建出最终的视频内容。这种方法使得Sora能够生成既真实又富有想象力的场景，支持不同风格和画幅的视频，最长可达一分钟，相关示例如图3-7所示。

【示例31】：淘金热期间加利福尼亚州的历史录像

Prompt	Historical footage of California during the gold rush.	扫码看案例效果
提示词	淘金热期间加利福尼亚州的历史录像。	

图3-7　淘金热期间加利福尼亚州的历史录像

此外，Sora还是一个扩散模型，能够在给定带噪声的块输入和诸如文本提示之类的条件信息时，预测原始的“干净”块。这种能力使Sora能够深刻理解语言，准确领会提示词的内容，生成令人信服的角色和背景细节。

总之，用于视频生成的Transformer模型就像一位导演，他需要将这些片段巧妙地组合在一起，形成一个完整的故事情节。同样的，Transformer模型负责将这些潜在补丁按照特定的规则和时间顺序进行排列组合，生成一部完整的视频作品。这个过程就像是导演在片场指导演员表演，确保每个场景都能完美衔接，呈现出最佳的播放效果。

3.3　Sora 技术的未来展望

Sora技术的未来充满希望，它不仅将继续推动AI视频生成技术的发展，还可能成为推动AGI发展的关键力量。随着技术的不断进步和应用场景的拓展，Sora有望在未来创造出更多颠覆性的应用，改变人们的生活和工作方式。

★ 知 识 扩 展 ★

通用人工智能（Artificial General Intelligence，AGI），是指一种新型的人工智能系统，具有人类智能的多个方面，能够在各种不同的任务和环境中进行决策和执行。

AGI 强调对情境的感知和理解，以及对问题的推理和解决能力，从而能够独立地完成一个广泛的任务。AGI 被认为是人工智能的更高层次，可以实现自我学习、自我改进、自我调整，进而解决任何问题，而不需要人为干预。

目前，AGI 仍处于理论和实验阶段，但它在各个领域都有广泛的应用前景，包括智能机器人、智能交通、智能医疗和智能家居等。未来，随着技术的不断进步，AGI 的应用和发展将会越来越广泛和深入，成为人类进一步推动科技发展和创新的关键力量。

3.3.1　技术革新与性能升级：速度更快、稳定性更强、体验更流畅

技术创新与性能提升是Sora技术未来发展的重要方向，通过不断提升速度、稳定性和体验感，Sora将为用户带来更加高效、可靠、流畅的视频生成和处理体验，推动视频技术的不断发展和创新。

扫码看教学视频

❶ 速度更快：随着科技的不断进步，Sora团队将持续投入研发，致力于将视频生成和处理的速度提升到一个新的水平。通过优化算法、提升硬件性能，以及引入新的技术，Sora将能够实现更快的视频生成速度，让用户等待的

时间大大缩短。

❷ 稳定性更强：Sora团队将不断完善系统架构，提高视频生成和处理的稳定性，确保在各种复杂环境下都能保持高效的运行。通过优化代码、增加容错机制，以及提高系统的健壮性，Sora将为用户提供更加可靠、稳定的服务。

❸ 体验更流畅：通过优化用户界面、简化操作流程，以及提供个性化的设置选项，Sora将让用户在使用过程中感受到更加顺畅的体验。同时，Sora团队还将关注用户反馈，不断改进和优化产品，以满足用户日益增长的需求和期望。

3.3.2 跨领域融合与拓展应用：让生活更加多姿多彩、充满无限可能

随着AI技术的不断进步和应用场景的不断拓展，Sora团队将积极探索与其他领域的融合，打造更加丰富多样的应用场景，让人们的生活更加多姿多彩、充满无限可能，相关分析如下。

扫码看教学视频

❶ Sora可以与娱乐产业深度融合，为用户带来更加沉浸的娱乐体验。通过结合虚拟现实、增强现实等技术，Sora可以为用户创造出身临其境的观影体验，让电影、游戏等娱乐内容更加生动、真实。同时，Sora还可以与音乐、舞蹈等领域结合，为用户带来全新的音乐会和舞蹈表演体验，让艺术表演更加震撼人心。

❷ Sora可以与社交媒体、在线教育等领域结合，为用户带来更加便捷、高效的互动体验。通过利用Sora的视频生成和处理能力，用户可以轻松创建自己的短视频、直播等内容，并与其他用户进行互动交流。同时，Sora还可以为在线教育提供更加丰富多样的教学资源和互动方式，让学习变得更加有趣、高效。

❸ Sora可以用于智能家居、智能交通等领域，为人们的生活带来更多便利。通过与其他智能设备结合，Sora可以实现智能家居的智能化控制和管理，让家庭生活更加便捷、舒适；在智能交通方面，Sora可以提供更加精准的交通流量分析和预测，为城市交通规划和管理提供有力支持。

第 4 章 模型架构：Sora的基础是世界通用模型

在人工智能领域，世界模型的概念已经被提出，并被认为是通向通用人工智能的关键技术之一。Sora作为新一代的模型架构，以其世界通用模型的特性，引领着人工智能领域的新潮流。本章将深入探讨Sora的模型架构，揭示其世界通用模型的奥秘，以及它的模型训练技术。

4.1 认识世界通用模型

随着全球化的不断推进，人们生活在一个越来越多元化的世界中，其中跨文化、跨语言交流成为常态。为了满足这一时代的需求，人工智能领域也在不断探索和发展更为通用、灵活的模型。其中，世界通用模型（也称为世界模型或通用世界模型）便是这一探索的重要成果，它旨在打破文化和语言的界限，构建一个能够理解和适应各种环境、场景的智能系统。本节将带大家一起认识世界通用模型这一前沿概念，感受其为人工智能领域带来的变革与可能。

4.1.1 什么是世界通用模型

扫码看教学视频

在人工智能领域，世界模型的概念已经被提出，并被认为是通向AGI的关键技术之一。例如，Runway公司开发的通用世界模型，旨在让AI更好地模拟世界，尽可能接近人们生活的真实世界，模拟各种各样的情况和互动行为。此外，OpenAI开发的Sora被看作是世界模拟器的视频生成模型，其研究结果表明，扩展视频生成模型是构建物理世界通用模拟器的一条可行之路。

提出世界通用模型的主要目的是让人工智能系统更加接近真实的世界，从而更有效地完成复杂的任务和适应各种情况。世界通用模型可以通过内部理解来提高人工智能的学习能力、适应能力和规划能力，从而实现更高效、更智能的任务执行和模拟现实世界的能力。

下面是一些人工智能公司对世界通用模型作出的定义。

❶ Runway对世界通用模型进行了定义，认为它是一种人工智能系统，能够再现环境的内部，并用来模拟该环境中的未来事件。这表明世界通用模型不仅仅是简单的模拟，而是通过内部理解来模拟环境，以便更好地学习和适应环境。

❷ Yann LeCun对世界通用模型的定义提供了另一种视角，它将世界通用模型视为一种计算框架，基于当前观测值、前一时刻的世界状态、动作提议，以及潜在变量进行运算，这种计算框架强调了世界模型计算的复杂性和对世界的深入理解。

❸ Meta的V-JEPA模型也被视为朝着更扎实地理解世界迈出的一步，旨在构建先进的机器智能，使其可以像人类一样学习更多知识，形成周围世界的内部模型，这进一步说明了世界通用模型在实现AGI中的重要性。

总的来说，世界通用模型是一种能够广泛应用于各种场景和任务的人工智能系统，这种模型通常经过大规模的数据训练，具有海量模型参数，并且能够处理广泛下游任务。世界通用模型的核心目标是通过模拟和学习世界的运作方式，实现对世界的全面理解和控制，从而实现通用人工智能的目标。

★ 知 识 扩 展 ★

在人工智能领域，广泛下游任务（a wide range of downstream tasks）指的是一个模型或系统可以应用于多种不同、具体的应用场景或任务。这些下游任务是模型训练完成后，实际部署到具体应用中时所面对的任务，它们通常是多样化的，并且可能涉及不同的领域、数据类型和问题类型。世界通用模型的设计目标就是能够灵活地适应不同的下游任务，而不需要为每个新任务重新训练一个全新的模型。

4.1.2　世界通用模型的作用是什么

扫码看教学视频

世界通用模型在提升AI系统对真实世界的理解能力方面发挥着至关重要的作用，它不仅增强了AI系统对环境的模拟能力，促进了AGI的实现，还提升了AI的通用性和实用性，支持AI系统的自主学习和推理，并推动了AI多模态领域的飞跃式发展。世界通用模型的作用主要体现在以下几个方面。

❶ 增强AI系统的环境模拟能力：世界模型能够帮助AI系统再现环境的内部，从而更好地理解和预测环境中发生的事情。这意味着AI系统可以通过世界模型来模拟和理解复杂的环境，如视觉世界及其动态系统，以及光影反射、运动方式、镜头移动等细节。

❷ 促进通用人工智能的实现：OpenAI强调，Sora作为能够理解和模拟现实世界的模型基础，将成为实现AGI的重要里程碑，这表明世界模型的发展对推动人工智能的进步具有重要意义。图4-1所示为Sora生成的真实世界场景，通过准确再现建筑细节、地貌特征和光线效果，Sora可以创造出一个引人入胜、栩栩如生的Santorini（圣托里尼）俯瞰场景。

❸ 提升AI的通用性和实用性：AI大模型的发展使得AI能够更好地适应不同领域的应用，其预训练和大模型的结合，不仅提高了模型的泛化性和实用性，还能在自然语言处理、计算机视觉、智能语音等多个领域实现突破性性能提升。这种技术进步有助于解决AI系统在特定领域应用时面临的挑战，如通用性低的问题。

【示例32】：Santorini 的航拍建筑美景

Prompt	Aerial view of Santorini during the blue hour, showcasing the stunning architecture of white Cycladic buildings with blue domes. The caldera views are breathtaking, and the lighting creates a beautiful, serene atmosphere.	 扫码看案例效果
提示词	蓝色时刻的圣托里尼鸟瞰图，展示了蓝色圆顶的白色基克拉迪的惊人建筑。火山口的景色令人叹为观止，灯光营造出一种美丽、宁静的氛围。	

图 4-1　Santorini 的航拍建筑美景

❹ 支持AI系统的自主学习和推理：人工智能领域的著名科学家Yann LeCun（杨立昆）提出，通过自监督的方式加上世界模型，让AI像人类一样学习与推理。这意味着AI可以通过学习世界通用模型中蕴含的知识，进行自我学习和推理，从而在没有明确指导的情况下也能完成任务。

❺ 推动AI多模态领域的飞跃式发展：Sora模型等多模态模型的发展，使得AI能够对视觉信息、文本信息、听觉信息等多元化数据进行融合理解，进一步提升了AI系统对真实世界的理解能力。

4.1.3　多模态模型促进AI更好地理解真实世界

扫码看教学视频

多模态模型通过合并多种数据模态，如文本、照片、视频和音频，提供对场景更透彻的理解，从而促进AI更好地理解真实世界。多模态模型的目标是从多个来源编译数据，支持更准确和可信的决策。多模态模型是从多种模态的数据中学习并提升自身的算法，涉及视觉、听觉、触觉、嗅觉等多种感知通道的信息。与传统的单模态、单任务AI技术相比，多模态模型不仅局限于AI模型与数据之间的交互，还能够让AI学习互联网上的知识。

多模态模型的一个重要特点是其能够处理基于文本、语音、图片、视频等多模态数据的综合处理应用，完成跨模态领域的任务。这意味着AI系统可以同时从不同的数据源获取信息，如视觉信息、声音信息等，从而更好地整合这些信息的含义和上下文，提高系统的理解和决策能力。

此外，多模态模型还能实现模态间映射的任务，即将某一特定模态数据中的信息映射至另一模态，如通过机器学习得到图像描述或生成匹配的图像。这种能力对于解决复杂的“模因匹配”问题至关重要，因为它允许AI系统在不同模态之间进行有效的信息交流和理解。

★ 知 识 扩 展 ★

“模因匹配”指的是在文化领域内，通过模仿和传播模因来实现文化传承和创新的过程。模因（meme）是一种文化基因，它与基因相似，都是由相同基因产生的现象，但模因通过模仿而传播，而非通过遗传。

例如，OpenAI利用其大语言模型优势，把LLM和Diffusion结合起来训练，让Sora在多模态AI领域中实现了对现实世界的理解和对世界的模拟两层能力。Sora模型能够生成具有复杂相机运动的视频，即使在快速移动和旋转的相机视角下，场景中的物体和角色在空间中仍能保持连贯的运动轨迹，相关示例如图4-2所示。同时，Sora对物理规律的遵循程度较高，这对光影反射、运动方式、镜头移动等细节的呈现效果较为逼真。

Sora能够理解和处理文本指令，将用户的描述转化为视频，使得模型能够生成与用户意图高度一致的视频。这一点对生成逼真的多模态AI画面至关重要，因为它允许模型根据上下文理解和调整光影效果，以适应不同的场景和情境。

【示例33】：一列蒸汽火车行驶在高架桥上

Prompt	The Glenfinnan Viaduct is a historic railway bridge in Scotland, UK, that crosses over the west highland line between the towns of Mallaig and Fort William. It is a stunning sight as a steam train leaves the bridge, traveling over the arch-covered viaduct. The landscape is dotted with lush greenery and rocky mountains, creating a picturesque backdrop for the train journey. The sky is blue and the sun is shining, making for a beautiful day to explore this majestic spot.	 扫码看案例效果
提示词	格伦芬南高架桥是英国苏格兰一座历史悠久的铁路桥，横跨马莱格镇和威廉堡镇之间的西高地线。当一列蒸汽火车离开大桥，在拱形高架桥上行驶时，形成了一个令人惊叹的景象。风景中点缀着郁郁葱葱的绿色植物和岩石山脉，为火车之旅创造了风景如画的背景。天空湛蓝，阳光灿烂，这是探索这一雄伟景点的美好一天。	

图4-2　一列蒸汽火车行驶在高架桥上

多模态模型通过合并多种数据类型、学习并提升算法、完成跨模态领域任务，以及实现模态间映射等任务，显著提高了AI系统对真实世界的理解能力，这不仅有助于提高AI系统决策的准确性和可靠性，也为AI在各个领域的应用开辟了新的可能性。

4.1.4　世界通用模型打破了虚拟与现实的边界

扫码看教学视频

世界通用模型通过多种方式打破了虚拟与现实的边界。例如，Sora不仅能在虚拟世界中创造出逼真的内容，还能模拟物理世界中的物体运动和交互行为，从而让虚拟与现实的界限变得越来越模糊，相关示例如图4-3所示。此外，Sora的出现还为虚拟现实、增强现实等技术提供了支持。

【示例 34】：惬意漫步的南非妇女

Prompt	a woman wearing a green dress and a sun hat taking a pleasant stroll in Johannesburg South Africa during a colorful festival.	扫码看案例效果
提示词	一名身穿绿色连衣裙、头戴太阳帽的妇女，在南非约翰内斯堡举行的丰富多彩的节日活动中愉快地散步。	

图 4-3　惬意漫步的南非妇女

通用世界模型能够呈现和模拟出像现实世界那样广泛和多样的情景及互动，这意味着通过构建通用世界模型，人们可以模拟出一个与真实世界高度相似的虚拟世界，从而为研究人类行为和训练机器人等领域提供一个真实世界的模拟环境。例如，通过生成模型构建交互式现实世界模拟器，如UniSim，研究者们探索了如何通过模拟人类和智能体与世界交互，迈出了构建通用模拟器的第一步。

4.1.5 世界通用模型的代表——Runway

扫码看教学视频

Runway是一家成立于纽约的人工智能公司，它在世界通用模型的开发上取得了显著进展。Runway的系列产品涵盖了广泛的AI应用领域，包括但不限于视频生成、图像生成、语音合成等。这些工具和技术的应用，使得Runway能够在视频创作领域展现出卓越的能力，如通过文本提示或现有图像生成视频，以及生成更高质量的视频和图像。

此外，Runway在2023年11月还推出了第二代文本生成视频模型Gen-2，这款模型解决了第一代AI生成的视频中每帧之间连贯性过低的问题，在从图像生成视频的过程中也能给出很好的结果。图4-4所示为展示了Gen-2模型的文生视频功能。

扫码看案例效果

图 4-4 Gen-2 模型的文生视频功能

然而，Runway的目标远不止于此，该公司正致力于构建一个能够理解和模拟视觉世界的系统，这被称为通用世界模型（General World Model，GWM）。

尽管目前Runway的通用世界模型仍处于早期研究阶段，但它已经展示了在解决AI视频面临的最大难题方面的潜力。Runway的GWM在理解视觉世界中的研究与发展意义，主要体现在以下几个方面。

❶ 心智地图的建立：GWM旨在建立一种心智地图（Mental Map），帮助模型理解世界的“为什么”和“怎么样”，从而让模型更全面地认识和描述世界。这种心智地图的建立，对模拟和解释复杂的视觉内容至关重要。

❷ 解决AI视频的难题：Runway认为，理解视觉世界及其动态的系统是人工智能发展的下一个重大进步，通过围绕GWM进行长期研究，可以有效解决AI视频领域面临的最大难题。这意味着GWM不仅能够提高现有视频生成系统的逼真度，还能为未来的视频制作提供更加丰富和多样的可能性。

❸ 模拟真实世界情景：GWM旨在模拟真实世界情景，提高视频生成系统的逼真度。这表明GWM不仅仅是一个理论研究，而是具有实际应用价值的技术创新。

❹ 推动人工智能发展：Runway相信，通过能够理解和模拟视觉世界的AI系统，可以推动人工智能的发展，这意味着GWM的研究成果将对整个人工智能的理论和实践产生深远影响。

4.2　Sora 将视频生成模型作为世界模拟器

Sora不仅能够生成视频，还被OpenAI定位为世界模拟器，这意味着它不仅仅是一个简单的视频生成工具，而且是一个能够深刻理解和模拟运动中的物理世界的通用模型。Sora的推出，不仅标志着OpenAI在人工智能技术领域的又一次重大突破，也为构建物理世界的通用模拟器开辟了新的路径。

4.2.1　用大语言模型的方法理解视频

扫码看教学视频

Sora的技术基础是大型语言模型（简称为大语言模型或大模型），这些模型具有强大的语言理解和推理能力，通过深度学习算法，在大量语料库中学习语言的语法结构、词汇含义和上下文关系。这种强大的语言能力为Sora模型提供了学习和泛化的机会，使其能够更好地理解视频中的语境和情境，相关示例如图4-5所示。

【示例35】：一群纸飞机在茂密的丛林中飞舞

Prompt	A flock of paper airplanes flutters through a dense jungle, weaving around trees as if they were migrating birds.	扫码看案例效果
提示词	一群纸飞机在茂密的丛林中飞舞，像候鸟一样在树上盘旋。	

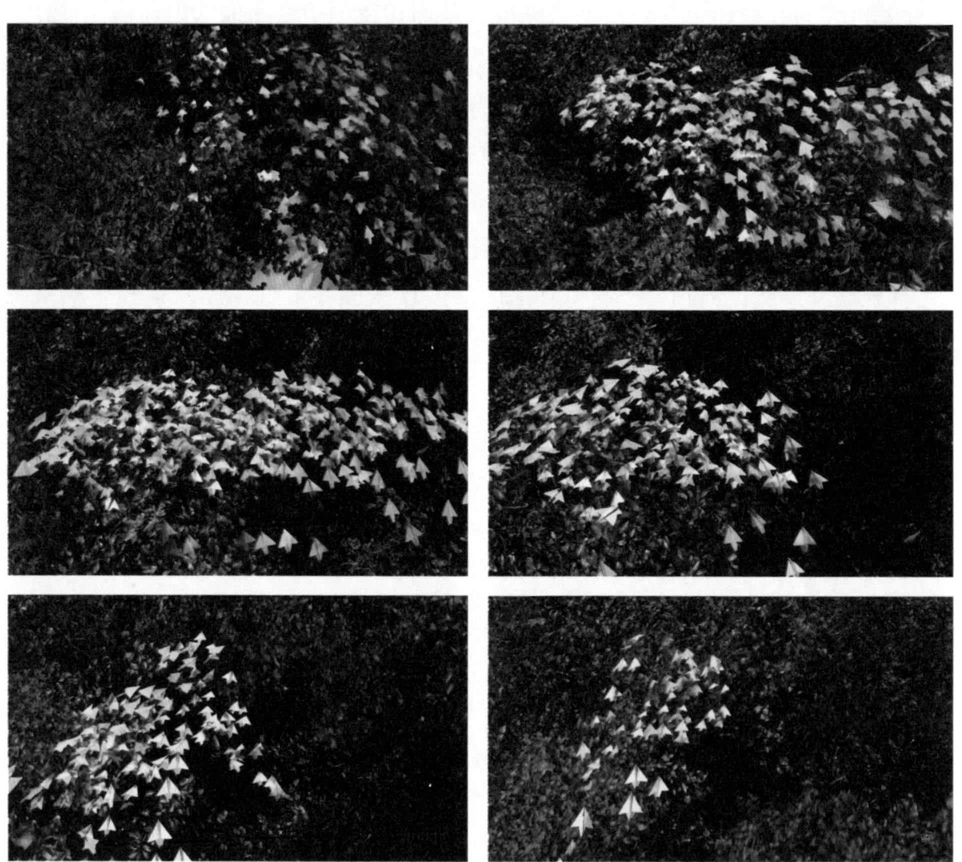

图4-5　一群纸飞机在茂密的丛林中飞舞

从图4-5中可以看到，Sora模型根据提示词信息，生成了一个栩栩如生的密集丛林场景，包括树木、植被和其他环境细节，同时还有一群纸飞机在丛林中飞舞的动画，并采用类似候鸟迁徙的方式在树木间穿梭，增强了场景的真实感和吸引力。

Sora模型通过使用大语言模型来理解视频内容，主要是利用了大语言模型的核心功能，即通过代码或语言单元（Token）来统一多种类型的文本形式，包括代码、数学和各种自然语言。这种统一的能力使得Sora能够直接学习图像视频数据和其体现出的模式，进而生成相应的图像或视频内容。

具体来说，Sora将视觉数据转化为视觉块，这些块不仅包含局部的空间信息，还包含时间维度上的连续变化信息，从而使模型能够通过学习视觉块之间的关系来捕捉运动、颜色变化等复杂的视觉特征，并基于此重建出新的视频序列。

此外，Sora还能理解用户在提示中所要求的内容，并理解这些事物在现实世界中的存在方式，这表明它对语言有深刻理解，并能准确地解读提示，生成表达丰富情感的视频。因此，Sora模型基于大语言模型实现了对视频内容的深刻理解和生成，同时也实现了理解和模拟现实世界这两层能力。

Sora中的大语言模型可以通过以下几种方式模拟现实世界的复杂现象，以帮助其理解视频内容。

❶ 语言理解：大语言模型可以理解和分析视频中的文本描述、对话或标题，以获取有关视频内容的信息。

❷ 知识图谱：大语言模型可以与知识图谱或知识库结合，以获取有关现实世界的知识和信息，如物体、场景、人物等的关系和属性。

❸ 情感分析：通过分析视频中的情感倾向，大语言模型可以模拟人类对现实世界事件的情感反应，相关示例如图4-6所示。从图4-6中可以看到，大语言模型可能会捕捉到pleasant（令人愉快的）这个词所传达的积极情感，并在生成的视频中表现出老人愉悦的表情。

【示例36】：愉快漫步的老人

Prompt	an old man wearing blue jeans and a white t shirt taking a pleasant stroll in Mumbai India during a winter storm.	扫码看案例效果
提示词	一位身穿蓝色牛仔裤和白色T恤的老人，在印度孟买冬季的一场暴风雨中，愉快地散步。	

图4-6

图 4-6　愉快漫步的老人

❹ 多模态学习：结合大语言模型与其他模态的信息，如图像、音频等，更好地理解和模拟现实世界的复杂现象。

❺ 推理和预测：大语言模型可以进行推理和预测，根据已知的信息和模式来模拟现实世界的发展和变化，相关示例如图4-7所示。

【示例 37】：白雪皑皑的东京城

Prompt	Beautiful, snowy Tokyo city is bustling. The camera moves through the bustling city street, following several people enjoying the beautiful snowy weather and shopping at nearby stalls. Gorgeous sakura petals are flying through the wind along with snowflakes.	 扫码看案例效果
提示词	美丽的、白雪皑皑的东京城熙熙攘攘。镜头穿过熙熙攘攘的城市街道，跟随几个人享受美丽的雪天，在附近的摊位上购物。美丽的樱花花瓣随着雪花在风中飞舞。	

图 4-7　白雪皑皑的东京城

从图4-7中可以看到，Sora首先会呈现出一个美丽、雪后的东京城市景象，包括繁华的街道、熙熙攘攘的人群，以及飘落的雪花和樱花花瓣；其次，通过镜头的移动，Sora还会展示人们在城市街道上购物和享受雪景的场景，营造出热闹和活力十足的氛围；此外，Sora还会尝试捕捉街道上的细节，如摊位、商店、人们的穿着等，以增强场景的真实感，这些都是基于大语言模型推理的结果。

4.2.2　实现对物理世界的“涌现”

扫码看教学视频

OpenAI称，Sora对语言有着深刻的理解，不仅了解用户的文本描述，还了解所述事物在物理世界中的存在方式。Sora的设计理念是将视频生成作为世界模拟器，通过理解用户输入的文本提示和所述事物在物理世界中的存在方式，实现对物理世界的“涌现”。

在长期训练中，OpenAI发现Sora逐渐具备了一种新能力，即3D一致性。这意味着该模型可以生成具有动态视角的视频，并且在视角移动和旋转时，人物及场景元素在三维空间中的运动状态保持一致，相关示例如图4-8所示。从图4-8中可以看到，当镜头视角移动时，达尔马提亚狗的位置和姿态会相应地改变，以保持与场景的一致性。此外，建筑的外观也会根据视角的变化而呈现出逼真的三维效果。

【示例38】：可爱的达尔马提亚狗

Prompt	The camera directly faces colorful buildings in Burano Italy. An adorable dalmation looks through a window on a building on the ground floor. Many people are walking and cycling along the canal streets in front of the buildings.	扫码看案例效果
提示词	镜头直接面对意大利布拉诺的彩色建筑。一只可爱的达尔马提亚狗从一楼建筑的窗户向外看。许多人在建筑物前的运河街道上行走和骑自行车。	

图 4-8　可爱的达尔马提亚狗

尽管人类可能并不觉得这有什么大不了，但对于人工智能而言，这种“涌现”却是一项非凡的成就。与人类理解三维物理世界的方式迥异，人工智能通过拓扑结构来实现其理解。当视频镜头视角发生变化时，相应的纹理映射也需要随之调整，而Sora所呈现的真实感极其出色，这就要求纹理映射在拓扑结构上必须达到极高的精确度。

★ 知 识 扩 展 ★

在数学和物理学中，拓扑结构描述的是一个空间或对象的定性形状，而不是其具体的大小、角度或度量属性。拓扑学研究的是在连续变形（如拉伸、弯曲，但不包括撕裂或黏合）下保持不变的空间或形状的性质。

当提到人工智能“采用拓扑结构上的理解”时，这通常指的是人工智能系统能够识别和处理与三维形状相关的高级空间关系，而不受对象的具体大小、比例或方向的影响。例如，在机器人导航中，拓扑地图可以帮助机器人理解环境的布局和连接性，即使具体的距离和角度可能会因为传感器噪声或环境变化而有所不同。

Sora所具备的3D一致性能力，使其能够惟妙惟肖地模拟现实世界中的人物、动物及环境的诸多细节。不过，Sora的这种能力并非通过给3D物体强加明确的归纳偏置来实现的，而是源自规模效应的神奇力量。

★ 知 识 扩 展 ★

归纳偏置（Inductive Bias）在机器学习中是一个非常重要的概念。当模型预测其未遇到过的输入的结果时，会做一些假设，而学习算法中的归纳偏置则是这些假设的集合。

也就是说，归纳偏置是从现实生活中观察到的现象中归纳出一定的规则，然后对模型做出一定的约束，从而起到“模型选择”的作用，即从假设空间中选择出更符合现实规则的模型。更具体地说，归纳偏置是机器学习算法在学习过程中对某种类型假设的偏好，也可以视为模型的指导规则。

归纳偏置的存在使得学习器具有了泛化的能力，即使面对训练样本中未出现的情况，也能做出合理的预测。

换句话说，Sora通过深度学习和分析海量的训练内容，不仅能够自主地挖掘出现实世界中一系列复杂的物理规律，还能基于这些规律进行精准的推断和预测。这种自主学习、自主推断的能力，使它在理解和模拟现实世界方面展现出了惊人的潜力。

在某种程度上，Sora的“涌现”能力已经超越了人类仅凭感官和直观经验所能触及的认知边界，预示着人工智能在模拟真实世界、揭示自然规律方面将拥有更加广阔的应用前景和无限的可能性。

4.2.3　模拟真实物理世界的运动

扫码看教学视频

Sora展示了人工智能在理解真实世界场景并与之互动的能力，能够模拟真实物理世界的运动，包括物体的移动和相互作用，如雨滴下落时的涟漪效果、汽车飞驰而过的尘土飞扬等。

无论是物体的移动轨迹、速度变化，还是它们之间的相互作用和碰撞反应，都能被Sora准确地还原和呈现，相关示例如图4-9所示。这种能力的实现，得益于Sora强大的深度学习算法和海量数据的训练。

【示例 39】：壮观的海岸风光

Prompt	Drone view of waves crashing against the rugged cliffs along Big Sur's garay point beach. The crashing blue waters create white-tipped waves, while the golden light of the setting sun illuminates the rocky shore. A small island with a lighthouse sits in the distance, and green shrubbery covers the cliff's edge. The steep drop from the road down to the beach is a dramatic feat, with the cliff's edges jutting out over the sea. This is a view that captures the raw beauty of the coast and the rugged landscape of the Pacific Coast Highway.	扫码看案例效果
提示词	无人机视角下，比格苏尔加里角海滩崎岖的悬崖上，海浪汹涌撞击。汹涌的蓝色海水翻起白色的浪尖，而落日的金色光芒照亮了岩石海岸。远处坐落着一座带有灯塔的小岛，而绿色的灌木丛覆盖了悬崖的边缘。从公路到海滩的陡峭下坡是一项惊险的壮举，悬崖边缘直插大海。这是一幅捕捉到了海岸原始美丽和太平洋海岸公路崎岖地形的壮观画面。	

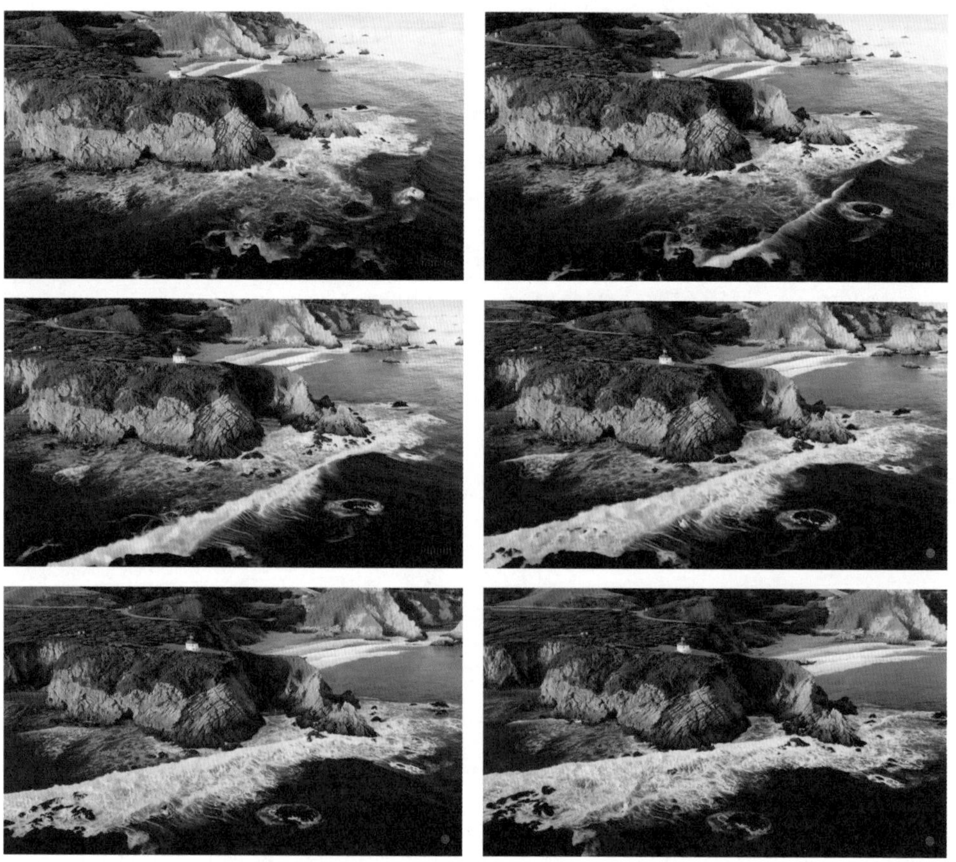

图 4-9　壮观的海岸风光

从图4-9可以看到，随着镜头的转动，光线的角度也会随之改变，从而模拟出真实世界中的视觉效果。Sora通过精确计算光线与物体的交互作用，以及在不同角度和位置下光线的变化，从而在虚拟环境中创造出逼真的光影效果。

另外，海浪的变化也会遵循物理世界的规则，这进一步体现了Sora模拟真实物理世界运动的能力。海浪的形成、传播和消散都受到一系列物理力量的影响，如风、重力、水深、海底地形等。

要准确地模拟海浪的运动，需要深入理解这些物理原理，并将其转化为数学模型。Sora通过引入高级的物理引擎和流体动力学算法，能够实时计算海浪的运动状态，包括波浪的高度、频率、方向和速度等，从而在虚拟世界中呈现出真实的动态海浪效果。

通过对真实世界中的物理现象进行深度学习和分析，Sora能够自主地掌握物体运动的规律，进而在虚拟环境中实现高度逼真的模拟。这种模拟不仅具有极高的真实感，还能根据用户的输入和环境的变化进行实时调整，使得Sora能够在各种复杂场景中表现出色。

Sora展示了AI理解运动中的物理世界的能力，这一点引起了人们的广泛关注。尽管Sora目前还存在局限性，如不能准确模拟许多基本交互的物理现象，如玻璃杯碎裂，但它的发展表明，AI正在逐步接近甚至超越人类对物理世界的理解。Sora的这一能力，为人工智能在多个领域的应用提供了广阔的空间。

❶ 在游戏开发中，Sora可以创建出更加真实、生动的游戏世界，为玩家带来沉浸式的游戏体验。

❷ 在机器人技术中，Sora可以帮助机器人更好地理解和适应真实世界的环境，提高其自主导航和物体操作能力。

❸ 在虚拟现实和增强现实领域，Sora的逼真模拟能力则可以为用户提供更加真实、自然的虚拟体验。

★ 知 识 扩 展 ★

从目前来看，人工智能模拟真实物理世界的运动和物体相互作用的技术突破，主要包括视频生成模型 Sora 的开发、机器学习模型在物理模拟领域的应用、实时物理模拟技术的发展、生成式 AI 与物理世界结合的技术进展，以及物理仿真模拟系统的开发等方面，相关介绍如下。

❶ 视频生成模型 Sora 的开发：OpenAI 开发的视频生成模型 Sora，通过使用超大规模视频数据训练，能够理解和模拟运动中的物理世界，生成不同的物理场景。这一模型的成功表明，人工智能技术已经能够达到空前的逼真程度，对模拟物理世界的逼真程度达到了之前的技术从未达到过的水平。

❷ 机器学习模型在物理模拟领域的应用：牛津大学的研究表明，与传统物理求

解器相比，机器学习模型可将物理模拟速度提升至最高20亿倍，从而为解决物理模拟的计算难题提供了新的可能。

❸ 实时物理模拟技术的发展：实时物理模拟技术通过模拟物体的运动和相互作用，能够提供更真实的物体行为和互动效果。同时，这种技术的进步使得在经典极限下实现实时的物理模拟成为可能。

❹ 生成式AI与物理世界结合的技术进展：将生成式AI与物理世界结合，涉及的技术链条非常长，需要掌握物理世界的基本规律，才能将真实世界建模到仿真模拟平台。在这一过程中，生成式AI的加入让仿真模拟平台拥有“预演”能力，从而更好地模拟物理世界。

❺ 物理仿真模拟系统的开发：麻省理工学院、哈佛大学和斯坦福大学联合开发的物理仿真模拟系统，通过学习动力、几何结构对碰撞效果的影响，模拟虚拟物体之间的交互，以及培训具象化的AI与虚拟环境互动。这些系统的发展，为AI在模拟物理世界中的应用提供了重要的技术支持。

4.3 Sora模型训练的核心技术

Sora的模型训练方式是OpenAI在视频生成领域的一个重要突破，它通过多种创新方法和策略实现了对视频内容的高质量生成。Sora的训练方式受到了大语言模型的启发，既是对传统机器学习方法的革新，又是对人工智能未来发展潜力的一次深刻探索。本节将重点分析Sora模型训练的核心技术，感受其背后蕴藏的无限可能。

4.3.1 自然语言理解

扫码看教学视频

自然语言理解（Natural Language Understanding，NLU）是指计算机系统对自然语言文本进行分析、理解和推理的过程。NLU技术包括词法分析、句法分析、语义分析和语用分析等方面，旨在使计算机能够理解自然语言文本的含义和意图，它是实现智能对话、文本分类、信息抽取等AI应用的基础。

从微观角度来看，自然语言理解是指从自然语言到机器内部的一个映射；从宏观角度来看，自然语言理解是指机器能够执行人类所期望的某种语言功能，这些功能主要包括回答问题、文摘生成、释义、翻译等方面。

Sora的设计理念在于将文本内容转化为视觉形式，其核心技术是利用先进的自然语言理解算法，通过分析文本的语义和语言细节，提取出关键信息、主题和视觉描述符，从而指导视频的生成过程。这种技术的应用不仅限于简单地生成视频，还包括视频合成和图片生成等多个方面。

NLU对Sora的模型训练主要有如下作用。

❶ 理解复杂的文本输入：Sora所使用的NLU是一种基于深度学习的先进算法，这种算法使得Sora模型能够更准确地解析复杂的文本指令。NLU是所有支持机器理解文本内容的方法模型或任务的总称，在文本信息处理系统中扮演着非常重要的角色，是推荐、问答、搜索等系统的必备模块。

★ 知 识 扩 展 ★

在理解复杂文本输入中的应用方面，NLU通过使用机器学习模型处理大型人类语言数据集来工作，这些模型接受了相关训练数据的训练，这些数据帮助它们学习识别人类语言中的模式。

❷ 提取关键信息、主题和视觉描述符：使用NLU算法从复杂的文本输入中提取关键信息、主题和视觉描述符，需要综合运用句法分析、语义分析、信息抽取、意图识别和视觉描述符抽取等多种技术和方法，相关步骤如下。

① 预处理文本数据：首先需要对输入的文本数据进行预处理，包括分词、词性标注等步骤，以确保文本的结构和语义能够被机器准确理解。这一步骤是进行NLU分析的基础，为后续提取关键信息和主题打下坚实的基础。图4-10所示为使用HanLP进行中文分词处理，它的目的是将连续的文本分解成单独的词语或符号。分词的准确度对于后续的自然语言处理（Natural Language Processing，NLP）任务有很大的影响，因为机器无法理解连续的文本，需要将这些文本分解成单独的元素以便进行分析。

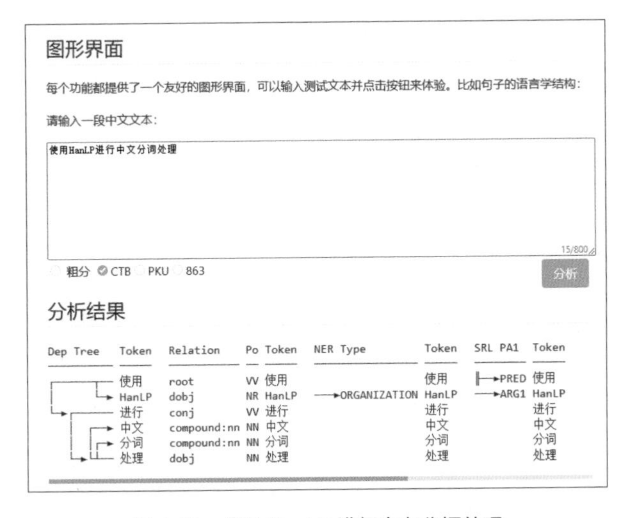

图 4-10　使用 HanLP 进行中文分词处理

② 句法分析：句法分析是NLU中的关键步骤，它用于确定句子的语法结构和成分之间的关系。通过句法分析，可以确定句子的基本结构，进而识别出文本中的实体、关系、事件等关键信息。

③ 语义分析：语义分析是NLU的核心任务，它通过分析文本的语义来理解句子的意图和含义，涉及对文本中关键词的分析，以及这些关键词之间的语义关系。

④ 信息抽取：信息抽取技术可以帮助从文本中提取出关键的信息片段，包括实体识别、关系抽取等任务，这些都是NLU系统能够自动完成的任务。

⑤ 意图识别：NLU系统还需要具备意图识别的能力，即识别用户或计算机的预期行为或需求。这一步骤对于人机对话和对话系统尤为重要，因为它们需要根据上下文和用户的输入来做出相应的响应。

⑥ 视觉描述符提取：虽然直接的视觉信息（如图像）在NLU系统中不是主要关注的对象，但如果有必要，可以利用OCR技术结合NLP算法来提取文本中的视觉信息。这种方法可以提高文本提取的准确性，同时也能扩展NLU的应用范围。

★ 知 识 扩 展 ★

光学字符识别（Optical Character Recognition，OCR）技术是指通过扫描等光学输入方式将各种票据、报刊、书籍、文稿及其他印刷品的文字转化为图像信息，再利用文字识别技术将图像信息转化为可以使用的计算机输入的技术。也就是说，利用 OCR 技术，可以将纸质文档中的文字转换成为黑白点阵的图像文件，并通过识别软件将图像中的文字转换成文本格式，供文字处理软件进一步编辑加工。

总之，Sora模型的技术架构和算法优化体现了其在自然语言理解方面的深度和广度，它采用了最新的深度学习算法，这使得它能够更准确地解析复杂的文本指令。这种深层次的理解能力使得Sora能够在视频生成过程中更准确地捕捉文本的意图和情感，进而生成出既符合文本原意，又具有视觉吸引力的视频。

4.3.2 生成式人工智能模型

扫码看教学视频

Sora作为OpenAI的最新成果，其技术基础建立在GPT和DALL・E等前辈模型之上，这些技术已经在海量的视频内容和相关元数据的数据集上进行了训练，使得Sora能够精确地生成高质量的视频。

Sora模型通过理解和处理文本提示、利用大规模的视频数据集进行学习，以及采用先进的生成式AI模型技术，实现了将文本描述与视觉元素关联起来的能力，从而生成出具有高度真实感和创意的视频。

Sora能够理解和处理文本指令，将用户的提示词转化为视频，这种从文本到视频的生成能力正是生成式AI模型的一种典型应用，相关示例如图4-11所示。从此图可以看出，提示词中的详细描述有助于Sora理解用户想要表现的具体场景和情感氛围，使得模型能够生成与用户意图高度一致的视频。

【示例 40】：老年人的悠闲生活与美丽的自然风光

Prompt	an old man wearing blue jeans and a white t shirt taking a pleasant stroll in Johannesburg South Africa during a beautiful sunset.	扫码看案例效果
提示词	在美丽的日落时分，一位身穿蓝色牛仔裤和白色 T 恤的老人，在南非约翰内斯堡愉快地散步。	

图 4-11　老年人的悠闲生活与美丽的自然风光

Sora这种生成式AI模型以其卓越的文本理解和视频生成能力，为用户带来了全新的创作和体验方式。生成式AI模型是一类基于深度学习的机器学习模型，它们能够通过学习大量数据来生成新的、与原始数据相似但并不完全相同的数据。

这种数据生成的过程通常是通过给定一些初始条件（如噪声向量）作为输入，然后使用深度神经网络和概率模型来逐步生成新的数据。生成式AI可以利用人工智能技术自动生成文本、图像、音频等内容，而不需要手动输入或训练数据。

生成式AI模型在内容创作、自动翻译、智能客服、智能写作等领域都有广泛的应用。例如，Adobe Photoshop 2024中的“创成式填充”功能就是生成式AI模型的一个典型应用，该功能允许用户通过简单的操作，即可在图像中自动填充和扩展内容，实现快速、高效的图像处理，如图4-12所示。

图 4-12　Adobe Photoshop 2024 中的“创成式填充”功能应用示例

★ 知识扩展 ★

“创成式填充”功能利用了生成式 AI 模型的强大能力，通过学习大量图像数据，自动识别和理解图像中的结构和纹理特征。当用户需要填充某个区域时，该功能可以根据周围的像素信息和图像的整体风格，智能地生成与原图高度一致的新内容，并将其填充到指定区域中。这一功能的应用范围非常广泛，可以用于修复老照片、去除图像中的瑕疵、扩展图像背景等多种场景。

再例如，OpenAI旗下的另一个知名大模型ChatGPT，也是一个典型的生成式AI模型。ChatGPT以其强大的自然语言处理能力著称，能够与用户进行流畅、自然的对话，并根据用户的需求提供有价值的信息和回答，如图4-13所示。

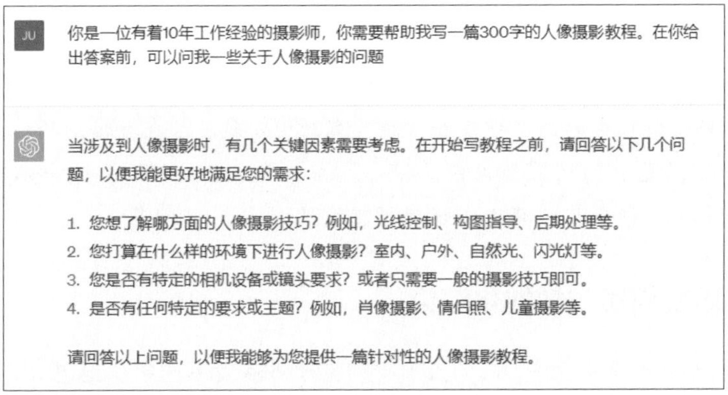

JU　你是一位有着10年工作经验的摄影师，你需要帮助我写一篇300字的人像摄影教程。在你给出答案前，可以问我一些关于人像摄影的问题

当涉及到人像摄影时，有几个关键因素需要考虑。在开始写教程之前，请回答以下几个问题，以便我能更好地满足您的需求：

1. 您想了解哪方面的人像摄影技巧？例如，光线控制、构图指导、后期处理等。
2. 您打算在什么样的环境下进行人像摄影？室内、户外、自然光、闪光灯等。
3. 您是否有特定的相机设备或镜头要求？或者只需要一般的摄影技巧即可。
4. 是否有任何特定的要求或主题？例如，肖像摄影、情侣照、儿童摄影等。

请回答以上问题，以便我能够为您提供一篇针对性的人像摄影教程。

图 4-13　ChatGPT 能够根据用户的需求提供有价值的信息和回答

从上面的介绍可以了解到，生成式AI模型应用包括视频生成、图像生成和文本生成等。下面是生成式AI模型的技术原理。

❶ 数据获取与处理：生成式AI模型需要大量的数据进行训练，这些数据包括文本、图像、视频等，这意味着生成式AI模型需要从大量的原始输入数据中提取有用的信息和模式。

❷ 模型构建：生成式AI模型的核心在于其背后使用的深度学习模型，这些模型通过训练大规模的数据集，学习抽象出数据的本质规律和概率分布，并利用生成模型生成新的数据。

★ 知识扩展 ★

深度学习技术是生成式 AI 的基础，它通过训练模型来学习从输入到输出的映射关系，这种映射关系通常由一组权重和偏置参数来定义。深度学习算法以人工神经网络为基础，旨在模拟人脑神经元之间的连接方式和信息传递过程，通过大量数据和计算资源进行训练和优化，能够有效地解决许多传统机器学习算法无法解决的问题。

❸ 算法设计：生成式AI模型的成功依赖于精心设计的算法，这些算法能够有效地从大量数据中学习到模式，并将这些知识应用于生成新数据的过程中。例如，生成对抗网络是一种常见的机器学习算法，它通过生成和判别来对抗，从而学习数据分布和生成新颖的内容。

❹ 学习方法：生成式AI能够利用不同的学习方法，包括无监督或半监督学习进行训练，这种灵活性使得生成式AI模型可以更容易、更快地利用大量未标记的数据来创建基础知识。

★ 知识扩展 ★

在无监督学习中，机器并不依赖人为标记的标签，而是通过自我探索、归纳和总结，尝试解读数据中的内在规律和特征，有助于发现隐藏在数据中的模式和结构。半监督学习是从已有的训练数据中“学习”出一个函数或模型，这个函数或模型在面对新的数据时，能够根据其内在规律预测结果。

4.3.3 场景构建与精细化渲染

扫码看教学视频

当Sora接收到文本指令后，它的深度学习网络会迅速解析这些语义信息，进而激活其内部强大的场景合成引擎。这一引擎利用先进的AI算法，不仅能够精准地布局各种视觉元素，还能够根据文本描述的情感和动作线索，智能地编排场景中的动态序列。Sora的场景构建与渲染过程如下。

❶ Sora会首先筛选与文本描述相契合的背景图像或视频片段，确保整体氛围与用户意图高度一致。接着它会从庞大的角色库中挑选合适的虚拟角色，并根据需要调整其动作、表情和服饰，以使其更加生动地融入场景。

❷ Sora还会精心挑选各类道具和对象，如家具、车辆、自然元素等，并根据场景逻辑将它们放置在恰当的位置。这些细致入微的调整，确保了每一个元素都与整体场景和谐统一，共同构建出一个真实而富有故事性的视觉世界。

❸ Sora最后会利用先进的渲染技术，将这些精心布局的视觉元素和动态序列融合成一段流畅、连贯的视频。这段视频不仅完美呈现了用户文本输入中的每一个细节，更通过光影变幻、色彩调整和特效处理等手段，营造出了令人惊艳的视觉效果。

总的来说，Sora的场景构建与精细化渲染能力，为用户提供了一个将想象变为现实的神奇工具。无论是创作短片、广告还是教学视频，Sora都能凭借其卓越的技术实力，将用户的创意和想法转化为令人赞叹的视觉作品。

场景构建与渲染这一步，在Sora模型的训练中扮演着至关重要的角色，不仅为模型提供了丰富、多样的视觉数据，还帮助模型建立起从文本到视频的映射关系，从而提高了其生成视频的能力和准确性，具体作用如下。

❶ 场景构建为Sora模型提供了大量真实且复杂的视觉场景。在训练过程中，模型需要学习如何根据文本描述来合成和布局这些场景中的视觉元素。通过不断地接触和处理各种不同类型的场景，模型能够逐渐积累起丰富的视觉经验，并学会如何根据文本线索来准确地构建出符合要求的场景，如图4-14所示。

图 4-14　通过 AI 模型构建的各种虚拟场景

❷ 渲染技术则进一步增强了Sora模型对视频序列的处理能力。通过将场景中的视觉元素动态地渲染成连贯的视频序列，Sora模型能够学习到如何将这些元素以合理的方式组合和排列，以呈现出流畅且富有故事性的视觉效果。这种学习过程有助于模型建立起对视频内容的深层次理解，并提高其生成高质量视频的能力。

★ 知识扩展 ★

视频序列是由一系列连续的图像帧组成的，这些图像帧按照时间顺序排列，形成动态的视频内容。每一帧都是静态的图像，但当它们以足够快的速度连续播放时，就会呈现出动态的效果，从而构成视频。视频序列是构成视频的基本单位，它包含图像、音频等多种信息，可以用于传递各种类型的内容，如故事情节、场景氛围、人物动作等。

在视频处理和编辑中，视频序列是一个重要的概念。通过对视频序列进行操作和处理，可以实现各种视频效果和功能，如剪辑、合成、特效等。同时，视频序列也是视频编码和压缩的基础，通过对视频序列进行编码和压缩，可以有效地减小视频文件的大小，提高视频传输和存储的效率。

此外，在AI视频领域，视频序列也经常被用作模型训练和测试的数据集。通过对视频序列进行分析和处理，可以提取出各种有用的特征和信息，用于实现目标检测、行为识别、视频理解等任务。

❸ 场景构建与渲染还为Sora模型的训练提供了有效的监督信号。在训练过程中，模型生成的场景和视频可以与真实的场景和视频进行比对和评估，从而得到关于其生成效果的反馈。这种反馈信息对于调整模型的参数和改进其生成策略至关重要，有助于模型在后续的训练中不断优化和提升性能。

4.3.4 AI驱动的动画技术

扫码看教学视频

在处理动态元素及角色动作时，Sora将借助先进的人工智能动画技术，这些技术融合了深度学习与计算机图形学的最新成果，能够根据文本描述中的上下文信息，智能地生成流畅且自然的动作与行为序列。

具体而言，Sora的动画引擎能够解析文本中的动作指令，如“跳跃”“奔跑”“挥手”“眨眼”等，并结合场景背景、角色性格及情绪等要素，生成与之相匹配的细腻动作。这些动作不仅符合物理规律，还充分考虑了角色间的交互与场景的动态变化，从而确保生成的视频内容既生动又富有逻辑性。

例如，下面这段示例提示词“Extreme close up of a 24 year old woman’s eye blinking（一位24岁女子眨眼的特写镜头）”，要求Sora对细节进行极高的关注，特别是眼睛的眨眼动作，这将促使Sora的动画引擎生成更加精细和逼真的眼部动作，包括眼皮的闭合、眼球的微小移动等，以匹配极端特写的需求，相关示例如图4-15所示。另外，虽然提示词中没有明确提到情感或情绪，但通过对环境和情境的描述，可以推断出角色可能处于某种特定的情感状态。Sora的动画引擎将需要结合这些隐含的情感线索，调整角色的眨眼方式和频率，以更好地传达角色的情感和内心世界。

【示例 41】：眨眼的特写镜头

Prompt	Extreme close up of a 24 year old woman's eye blinking, standing in Marrakech during magic hour, cinematic film shot in 70mm, depth of field, vivid colors, cinematic.	扫码看案例效果
提示词	一位 24 岁女子在魔法时刻站在马拉喀什，眨眼的特写镜头，70 毫米拍摄的电影胶片，景深，生动的色彩，电影般。	

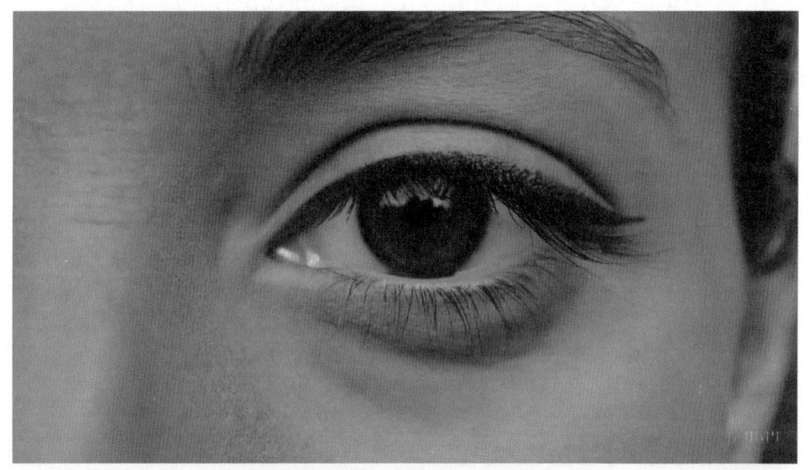

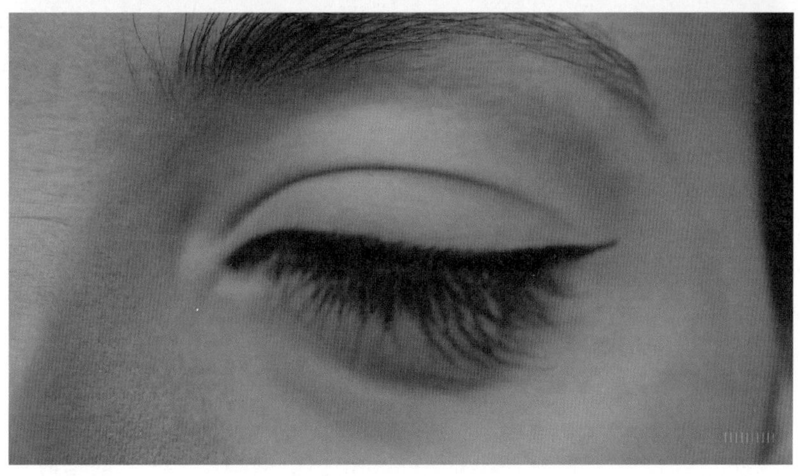

图 4-15　眨眼的特写镜头

通过深度学习技术，Sora还能学习并模仿真实世界中的动作模式，如人物行走的姿态、面部表情的微妙变化等，这使得它生成的角色动作更加自然、逼真，能够为用户带来沉浸式的观看体验。

★ 知识扩展 ★

从本质上来说，深度学习其实是机器学习的一种范式，因此它们的算法流程基本相似。但深度学习在数据分析和建模方面进行了优化，通过神经网络统一了多种算法。在深度学习得以广泛应用之前，机器学习需要花费大量的时间去收集数据、筛选数据、提取特征、执行分类和回归任务。

而深度学习的核心是构建多层神经网络模型并使用大量训练数据，使机器能够学习到重要特征，从而提高分类或预测的准确性。深度学习通过模仿人脑的机制和神经元信号处理模式，使计算机能够自行分析数据并找出特征值。

人工智能驱动的动画技术可以帮助Sora模型更好地理解和模拟动态元素和角色动作。具体来说，这项技术可以为Sora模型提供大量的动画数据，以便模型学习和理解不同动作和行为的特点和规律。通过对这些数据的学习，Sora模型能够生成更自然、更真实的动作和行为，从而提高模型的表现力和真实性。

总之，借助人工智能赋能的动画生成技术，Sora能够为生成的视频注入鲜活的生命力，让每一个角色都栩栩如生，每一个动作都充满力量与美感。这样的技术革新不仅提升了视频创作的效率和质量，更为用户带来了无限的创意空间和可能性。

4.3.5 个性化定制与持续优化

扫码看教学视频

Sora不仅是一个强大的视频生成模型，通过AI训练，它还拥有高度可定制和改进的特性。通过深度整合先进的机器学习模型，Sora为用户提供了风格转移和美学调整等丰富的选项，使得生成的每一个视频都能精确匹配用户的独特品位和需求，相关介绍如下。

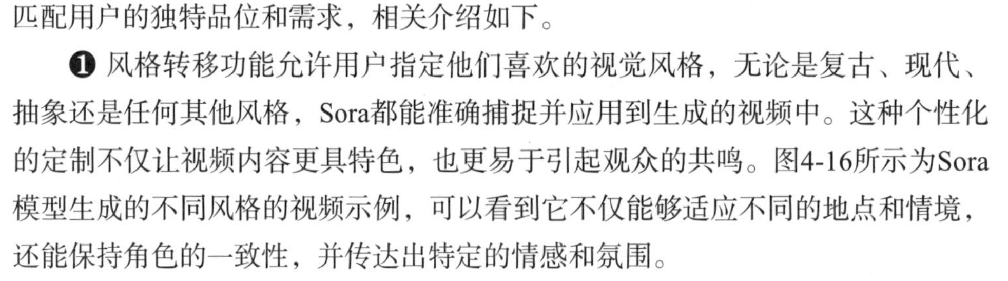

❶ 风格转移功能允许用户指定他们喜欢的视觉风格，无论是复古、现代、抽象还是任何其他风格，Sora都能准确捕捉并应用到生成的视频中。这种个性化的定制不仅让视频内容更具特色，也更易于引起观众的共鸣。图4-16所示为Sora模型生成的不同风格的视频示例，可以看到它不仅能够适应不同的地点和情境，还能保持角色的一致性，并传达出特定的情感和氛围。

❷ Sora的美学调整功能则更进一步，它可以根据用户提供的情绪或氛围关键词，智能地调整视频的色彩、光影、节奏等美学元素，以营造出与用户意图相符的观看体验。无论是欢快的、忧伤的、神秘的还是温馨的氛围，Sora都能通过精细的美学调整来完美呈现。

【示例 42】：不同风格的袋鼠漫步场景

Prompt	An adorable kangaroo wearing purple overalls and cowboy boots taking a pleasant stroll in Antarctica during a colorful festival.	
提示词	一只穿着紫色工装裤和牛仔靴的可爱袋鼠，在五彩缤纷的节日期间，在南极洲悠闲地散步。	扫码看案例效果

Prompt	An adorable kangaroo wearing purple overalls and cowboy boots taking a pleasant stroll in Antarctica during a winter storm.	
提示词	一只穿着紫色工装裤和牛仔靴的可爱袋鼠，在南极洲冬季的暴风雨中悠闲地散步。 （效果分析 1：将上述提示词的气候进行了改变，这要求 Sora 模型能够处理这些变化，并在生成的视频中真实反映出不同的天气和环境效果，表明 Sora 模型具备处理复杂环境因素的能力，可以创造出更加真实和引人入胜的视频场景。）	扫码看案例效果

图 4-16

<table>
<tr><td>Prompt</td><td>An adorable kangaroo wearing purple overalls and cowboy boots taking a pleasant stroll in Johannesburg, South Africa during a beautiful sunset.</td><td rowspan="2">
扫码看案例效果</td></tr>
<tr><td>提示词</td><td>一只穿着紫色工装裤和牛仔靴的可爱袋鼠，在美丽的日落时分，在南非的约翰内斯堡悠闲地散步。
（效果分析 2：提示词中提到了南非、约翰内斯堡等不同地点，以及美丽日落等与前面不同的情境，这表明 Sora 模型具有很强的场景适应能力，能够根据文本提示生成与特定地点和情境相符的视频内容。）</td></tr>
</table>

<table>
<tr><td>Prompt</td><td>An adorable kangaroo wearing purple overalls and cowboy boots taking a pleasant stroll in Mumbai, India during a beautiful sunset.</td><td rowspan="2">扫码看案例效果</td></tr>
<tr><td>提示词</td><td>一只穿着紫色工装裤和牛仔靴的可爱袋鼠，在美丽的日落时分，在印度的孟买悠闲地散步。
（效果分析 3：提示词提到了“美丽日落”“印度的孟买”等不同的情境和地点，Sora 模型能够根据情境和地点调整生成视频的风格和氛围。）</td></tr>
</table>

Prompt	An adorable kangaroo wearing purple overalls and cowboy boots taking a pleasant stroll in Mumbai, India during a colorful festival.	扫码看案例效果
提示词	一只穿着紫色工装裤和牛仔靴的可爱袋鼠，在五彩缤纷的节日期间，在印度的孟买悠闲地散步。 （效果分析 4：在所有示例的提示词中，都描述了相同服饰的袋鼠，这意味着 Sora 模型能够维持角色的一致性，同时根据环境调整角色的动作表现和绘画风格。）	

图 4-16　不同风格的袋鼠漫步的场景

❸ Sora还建立了一个高效的反馈循环机制。在这个机制中，用户的每一次更正或偏好选择都会被系统仔细记录并分析，然后用于优化后续的视频输出。这种持续的优化过程不仅确保了生成内容的质量随着时间的推移不断提高，也让Sora更加贴近用户的真实需求和期望。

总的来说，在Sora模型的训练过程中，自然语言理解、生成式AI模型、AI驱动的动画技术、场景构建与精细化渲染、个性化定制与持续优化的紧密交融，共同发挥出了突破性的技术协同作用。这种协同不仅提升了Sora模型的学习效率和创作能力，更为视频制作领域带来了革命性的变革，相关作用如下。

❶ NLU技术的运用，使得Sora能够深刻理解用户的文本输入，捕捉其中的细微情感和具体意象，为后续的视频生成提供丰富的素材和灵感。

❷ 生成式AI模型则根据这些理解，创造性地构建出与文本相匹配的视觉元素、角色动作和场景氛围，为视频的初步框架勾勒出独特的轮廓。

❸ AI驱动动画技术的引入，使得这些静态的元素和场景得以生动呈现。通过精细的骨骼系统和动力学模拟，Sora让每一个角色、每一个物体都栩栩如生，充满了活力，并且更具真实感。

❹ 场景构建与精细化渲染技术，为视频中的角色和物体打造了逼真、细腻的环境背景，从光影交错到材质质感，每一个细节都经过精心雕琢，使得整个视频的画面如同真实世界一般引人入胜。

❺ 个性化定制与持续优化技术，为用户提供了更多的选择和可能性。Sora能够根据用户的需求和反馈，对生成的视频进行个性化定制，从风格、色彩到节奏等各个方面进行微调，确保最终的作品能够完全符合用户的预期。同时，Sora还能够持续优化自身的生成能力和学习效率，不断适应和满足用户日益增长的需求。

通过多种技术的协同作用，让Sora在视频制作领域展现出了前所未有的能力，它不仅能够根据用户的简单描述，快速生成高质量的视频内容，更能够在风格、情感和美学等多个维度，为用户提供个性化的定制选项。这使得每一个用户都能通过Sora，将自己的独特创意，轻松转变为震撼人心的视频作品。

因此，Sora不仅仅是一个视频生成工具，更是一个强大的创作平台，它准备重新定义视频制作的界限，引领一场由技术驱动的创意革命。在这个平台上，每一个用户都将拥有无限的可能性和自由，他们的每一个想法和创意都将得到最完美的呈现和实现。

第 5 章
功能详解：使用Sora快速生成视频

OpenAI的Sora无疑为视频创作领域揭开了崭新的篇章，凭借其强大、便捷的功能，无论是资深的专业人士，还是初入此道的爱好者，都能得心应手地创作出令人赞叹的高质量视频。本章主要介绍Sora的生成式AI功能，包括文生视频、图生视频、视频拓宽等。

5.1 Sora 的文生视频功能

Sora模型的诞生，无疑给传统视频制作领域带来了翻天覆地的变革，它独具匠心地运用用户提供的文字提示，自动生成既逼真又富有创新性的视频。无论用户呈现的是简洁的场景，还是错综复杂的故事情节，Sora都能凭借其卓越的理解能力，巧妙地将文字转化为引人入胜、生动形象的视频画面。

Sora强大的文生视频功能，不仅极大地简化了视频制作流程，更为用户带来了前所未有的创作体验。本节将介绍Sora的注册和使用方法，以便新用户能够快速上手并体验其强大的文生视频功能。

5.1.1 Sora的注册方法

扫码看教学视频

要开始使用Sora，用户需要先访问OpenAI的官方网站，这个网站是接触和体验OpenAI先进技术的门户，并注册一个OpenAI账号，具体操作方法如下。

步骤 01 进入OpenAI的官方网站，在Research（探索）菜单中选择Sora命令进入专题页面，单击右上角的Log in（登录）超链接，如图5-1所示。

图 5-1 单击 Log in 超链接

步骤 02 执行操作后，进入Welcome back（欢迎回来）页面，用户可以使用Google邮箱、Microsoft Account邮箱或者Apple账号进行登录，没有账号的用户则可以单击“注册”超链接，如图5-2所示。

步骤 03 执行操作后，进入Create your account（创建您的账户）页面，输入相应的电子邮件地址作为账户名称，单击“继续”按钮，如图5-3所示。

图 5-2　单击“注册”链接

图 5-3　单击“继续”按钮

步骤04 执行操作后，输入相应的密码（注意密码长度至少为12个字符），单击“继续”按钮，如图5-4所示。

步骤05 执行操作后，进入Verify your email（验证你的电子邮件）页面，系统会发送一封邮件到用户注册时填入的电子邮箱中，用户可以单击相应按钮前往邮箱进行验证，如图5-5所示。

图 5-4　单击“继续”按钮

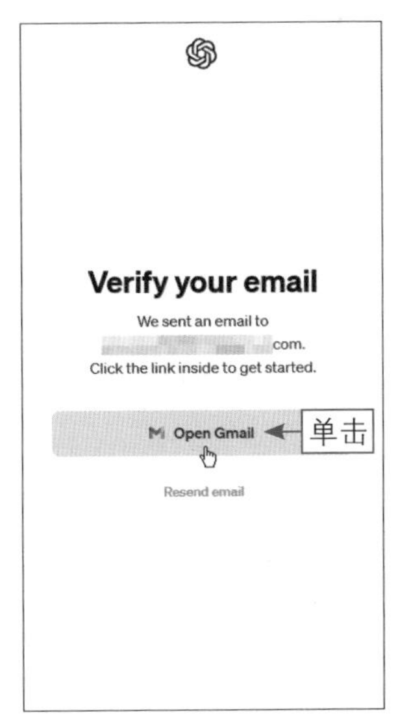

图 5-5　单击相应的按钮

步骤06 执行操作后，进入电子邮箱，打开刚才接收到的邮件，单击Verify email address（验证电子邮件地址）按钮，如图5-6所示。

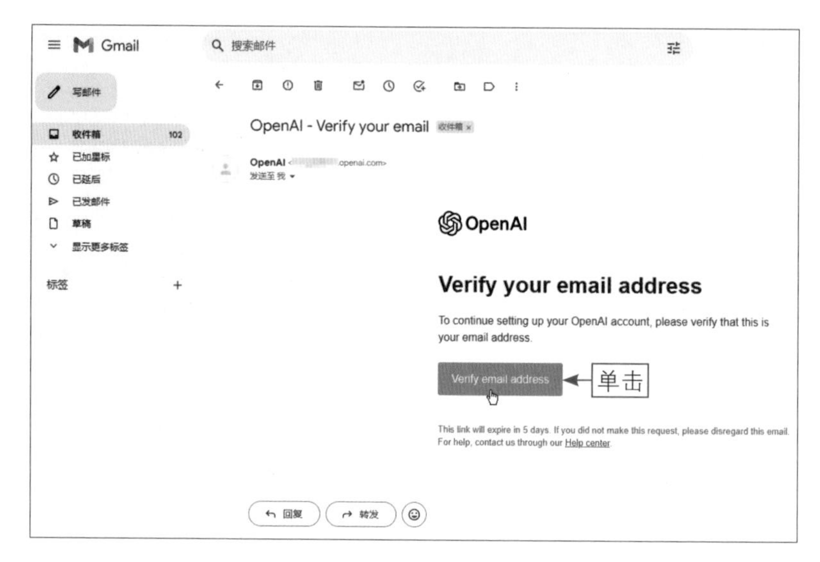

图 5-6 单击 Verify email address 按钮

步骤07 执行操作后，进入Tell us about you（跟我们说说你）页面，输入相应的账号信息，单击Agree（同意）按钮，如图5-7所示。

步骤08 执行操作后，进入“验证你是人类”页面，单击“开始拼图”按钮，如图5-8所示。

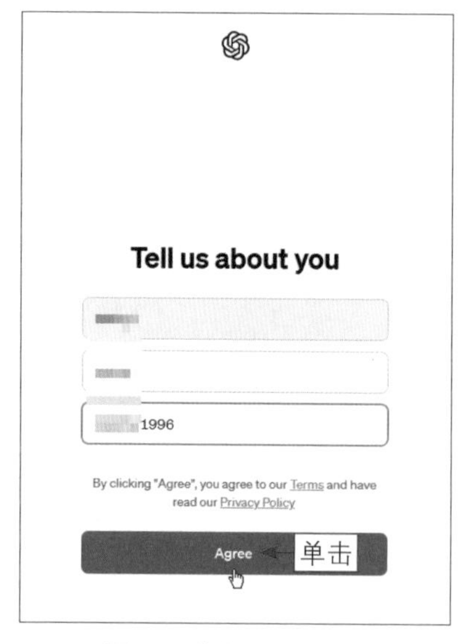

图 5-7 单击 Agree 按钮

图 5-8 单击“开始拼图”按钮

步骤 09 执行操作后，根据提示完成拼图任务（将蓝色的车子移动到左侧图案和数字所指示的坐标位置即可），每完成一个任务后，都需要单击“提交”按钮确认，如图5-9所示。

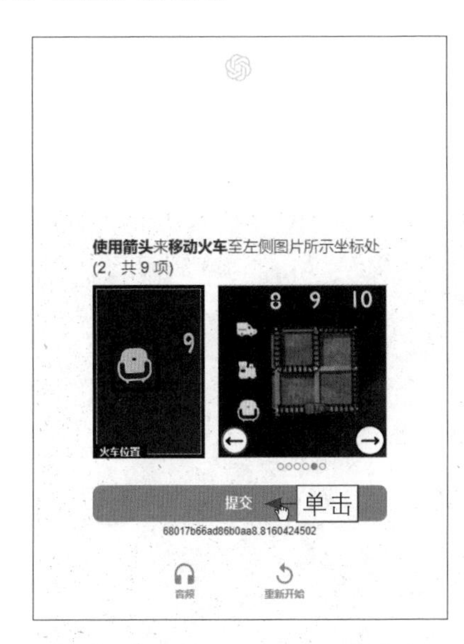

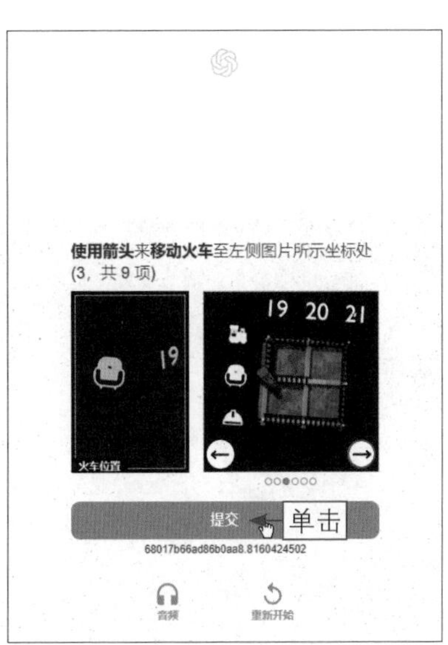

图 5-9　完成拼图任务

步骤 10 完成所有拼图任务后，即可成功注册OpenAI账号，并开始使用OpenAI中的相应工具，如图5-10所示。

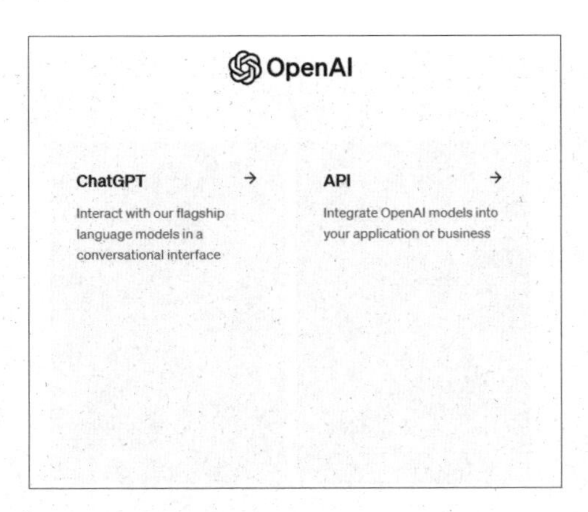

图 5-10　成功注册 OpenAI 账号

☆ 专家提醒 ☆

注意，普通用户目前仅开放了ChatGPT和应用程序编程接口（Application Programming Interface，API）两个功能，Sora处于内测阶段，没有完全开放。

5.1.2 申请Sora的内测资格

从上一节可以看到，即使普通用户注册了OpenAI账号，目前也无法直接访问并使用Sora的功能。如果有意成为Sora的试用者，首先要通过其官方网站提交申请，以期待获得内测资格，具体操作方法如下。

步骤 01 进入OpenAI官网的Sora专题页面，单击右上角的Search（搜索）超链接，如图5-11所示。

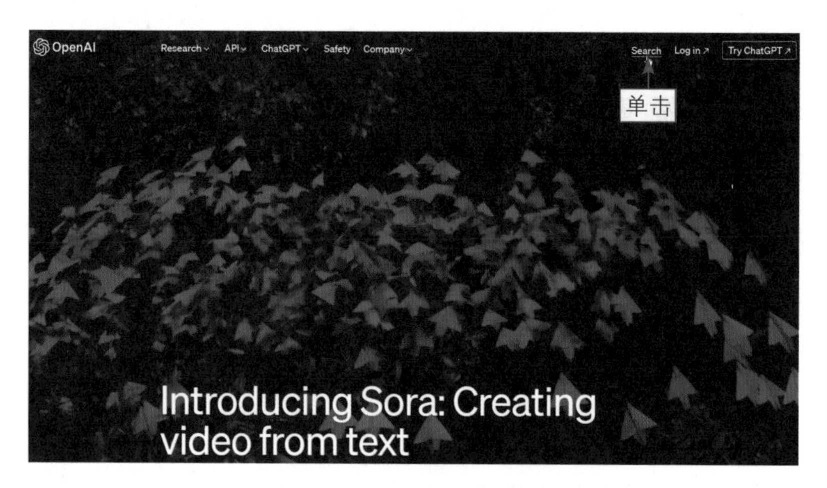

图 5-11 单击 Search 超链接

步骤 02 执行操作后，在弹出的搜索框中输入apply（应用），如图5-12所示。

图 5-12 输入 apply

步骤 03 单击Search（搜索）按钮，显示所有应用的搜索结果，单击Pages（页面）选项卡，如图5-13所示。

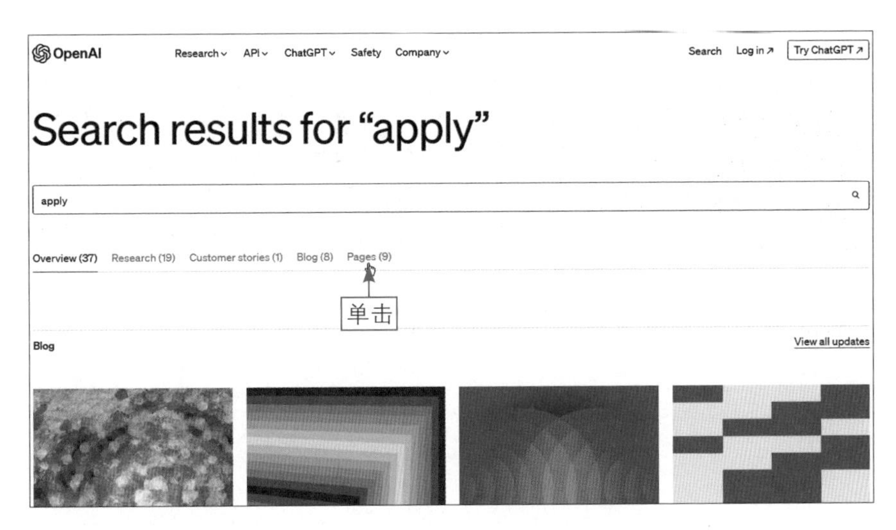

图 5-13　单击 Pages 选项卡

步骤 04 切换至Pages选项卡，在其中选择OpenAI Red Teaming Network application（OpenAI红队网络应用程序）选项，如图5-14所示。

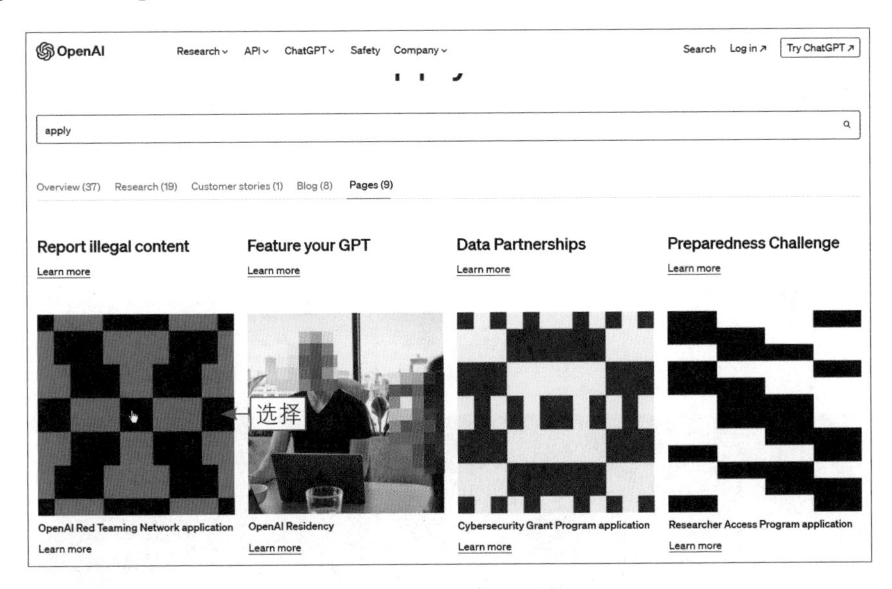

图 5-14　选择相应的选项

步骤 05 执行操作后，进入OpenAI Red Teaming Network application页面，如图5-15所示。在申请表单中，用户需要详细地填写一系列相关信息，这些信息不仅涵盖用户个人或公司的基本资料，更重要的是需要阐述你计划如何使用Sora及预期达成的目标。

OpenAI Research API ChatGPT Safety Company Search Log in Try ChatGPT

OpenAI Red Teaming Network application

We are looking for experts from various fields to collaborate with us in rigorously evaluating and red teaming our AI models.

Read more about the network

Apply

First name*

Last name*

Email*

Country of residence*

Select a country...

图 5-15　进入相应的页面

步骤 06 用户根据提示输入相应的信息、设置相应的选项并上传相应的资料后，单击底部的Submit（提交）按钮，如图5-16所示，等待系统审核即可。

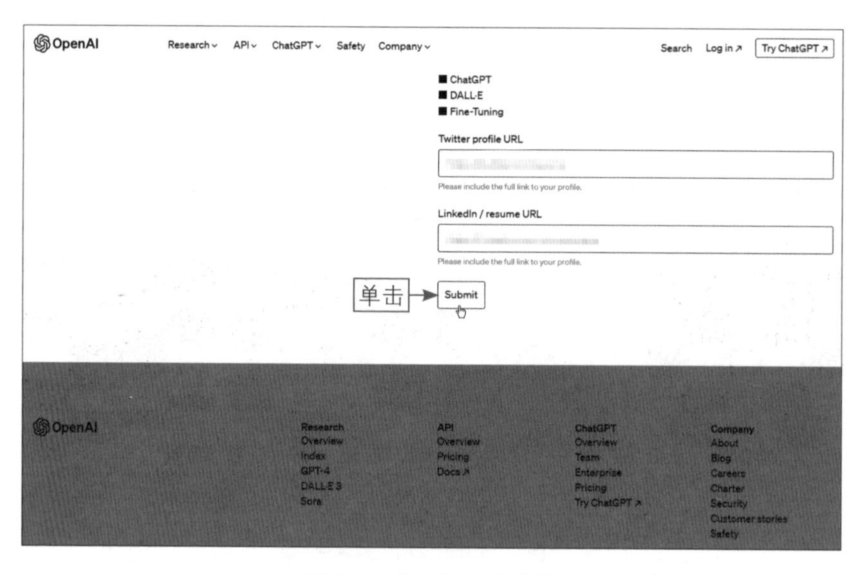

图 5-16　单击 Submit 按钮

★ 知识扩展 ★

在填写申请资料时，确保所提供信息的真实性与专业性是至关重要的。OpenAI更倾向于选择那些具备专业背景，且能够提供有价值反馈的个人或团队参与 Sora 内测，以期在内部测试阶段收获更具针对性的建议与反馈。

5.1.3 使用文生视频功能

扫码看教学视频

Sora所采用的AI驱动方式，为AI视频的定制化和可扩展性树立了新的标杆，它不仅能够根据用户提供的文本描述，生成独具匠心和高度个性化的内容，还能在更大程度上实现视频的独特性和专属性，确保每一个创作都是真正意义上的独一无二。下面简单介绍Sora文生视频功能的基本使用方法。

❶ 访问Sora官网：成功登录OpenAI后，在OpenAI的官网中进入Sora专题页面，该页面会有一个专门的板块，用户可以在此轻松启动新项目或深入了解该工具的各项特性。

❷ 撰写文本描述：Sora的核心功能在于将文字描述转化为生动的视频，如图5-17所示，因此用户需要清晰明了地描述自己希望在视频中展示的内容，具体阐述场景、人物、动作、情感及整体的基调。用户提供的信息越详细，Sora就越能领会用户的构想，并生成符合用户预期的视频。

图 5-17　将文字描述转化为生动的视频

❸ 自定义视频设置：根据Sora提供的选项，用户可以进一步自定义视频的各项设置，这可能涉及设置视频时长、选择风格或主题，以及指定分辨率或格式偏好等。

❹ 视频生成：完成提示词和视频设置后，即可开始生成视频，此过程可能需要一定的时间，具体取决于用户请求的复杂度和视频长度。

❺ 下载与分享：视频制作完成后，用户可以选择将其下载到本地设备，或者直接通过Sora分享至各大平台或社交媒体，具体分享方式取决于Sora提供的选项。

为了获得最佳的生成效果，用户可以尝试使用不同的文本描述，观察Sora如何解读你的输入，并据此优化视频。

5.2 Sora 的其他 AI 生成功能

前面深入探索了Sora将文本转化为视频的强大能力，现在让我们将目光转向其更为广泛且多元的AI生成功能。Sora不仅能够凭借文本输入生成动态视频，更能灵活处理已有的图像和视频素材。这些额外的输入选项，为Sora解锁了一系列全新的图像和视频编辑功能的可能。

无论是创建无缝循环的动感视频，还是为静态图像注入生命活力，抑或是轻松延长视频的播放时间，向前或向后拓展视频，Sora都能以惊人的准确性和创造力，完美呈现你的视觉想象。本节让我们一同来领略Sora卓越的AI生成功能，见证Sora的无限潜力。

5.2.1 图生视频：为DALL・E图像制作动画

扫码看教学视频

Sora是一款强大的视频生成工具，其独特之处在于能够将静态的DALL・E图像转化为生动的动画视频。用户只需输入一张DALL・E图像和相应的文字提示，Sora便能发挥出其惊人的创造力，生成一段引人入胜的动画视频。

为了展示Sora的动画制作能力，下面特别选取了一些DALL・E生成的图像作为示例。这些图像分别呈现了不同的场景和元素，但在Sora的“巧手”之下，它们都被赋予了新的生命和活力。

❶ 使用DALL・E生成一张拟人化的柴犬图片，然后通过Sora的图生视频功能生成一段动态视频，相关示例如图5-18所示。与静态的图像相比，视频中的柴犬动作连贯且自然，没有出现突兀或不合逻辑的动作。

★ 知识扩展 ★

原图中的柴犬戴着贝雷帽、穿着黑色高领毛衣，这些服饰在视频中也得到了清晰的展现。Sora 准确地在柴犬身上呈现出了这些服饰的特征，如贝雷帽的形状和颜色，以及高领毛衣的纹理和贴合度，确保这些基本的图像特征不会丢失或变形。

【示例43】：活泼可爱的柴犬

Prompt	A Shiba Inu dog wearing a beret and black turtleneck.	扫码看案例效果
提示词	一只戴着贝雷帽、穿着黑色高领毛衣的柴犬。	

图 5-18　活泼可爱的柴犬

❷ 使用DALL·E生成一张以扁平化设计风格呈现的怪物插图，然后通过Sora的图生视频功能生成一段动态视频，相关示例如图5-19所示。根据图像内容，视频中会出现4个外形和颜色各异的怪物角色，且每个怪物都有其独特的动作和形态。

★ 知识扩展 ★

由于原图采用了扁平化设计风格，这意味着在视频生成过程中，Sora 同样需要保持这种简洁、明快的视觉风格，避免过于复杂或写实的渲染效果。

【示例 44】：一个多样化的怪物家族

Prompt	Monster Illustration in flat design style of a diverse family of monsters. The group includes a furry brown monster, a sleek black monster with antennas, a spotted green monster, and a tiny polka-dotted monster, all interacting in a playful environment.	扫码看案例效果
提示词	插图采用平面设计风格，描绘了怪物家族各种各样的怪物，包括一只毛茸茸的棕色怪物、一只带天线的外表光滑黑色怪物、一个带斑点的绿色怪物和一个小圆点怪物，所有这些都在一个有趣的环境中互动。	

图像

视频

图 5-19　一个多样化的怪物家族

❸ 使用DALL · E生成一张由字母组成的云朵图片，然后通过Sora的图生视

频功能生成一段动态视频，相关示例如图5-20所示。这段视频会将字母云朵图案以动态的方式呈现出来，让云朵在屏幕上逐渐放大并消失。Sora主要利用图像处理技术捕捉和分析图片，生成用户所需的视频内容。

【示例 45】：由字母组成的云朵图片

Prompt	An image of a realistic cloud that spells “SORA”.	扫码看案例效果
提示词	一个由“SORA”字母组成的逼真云朵图案。	

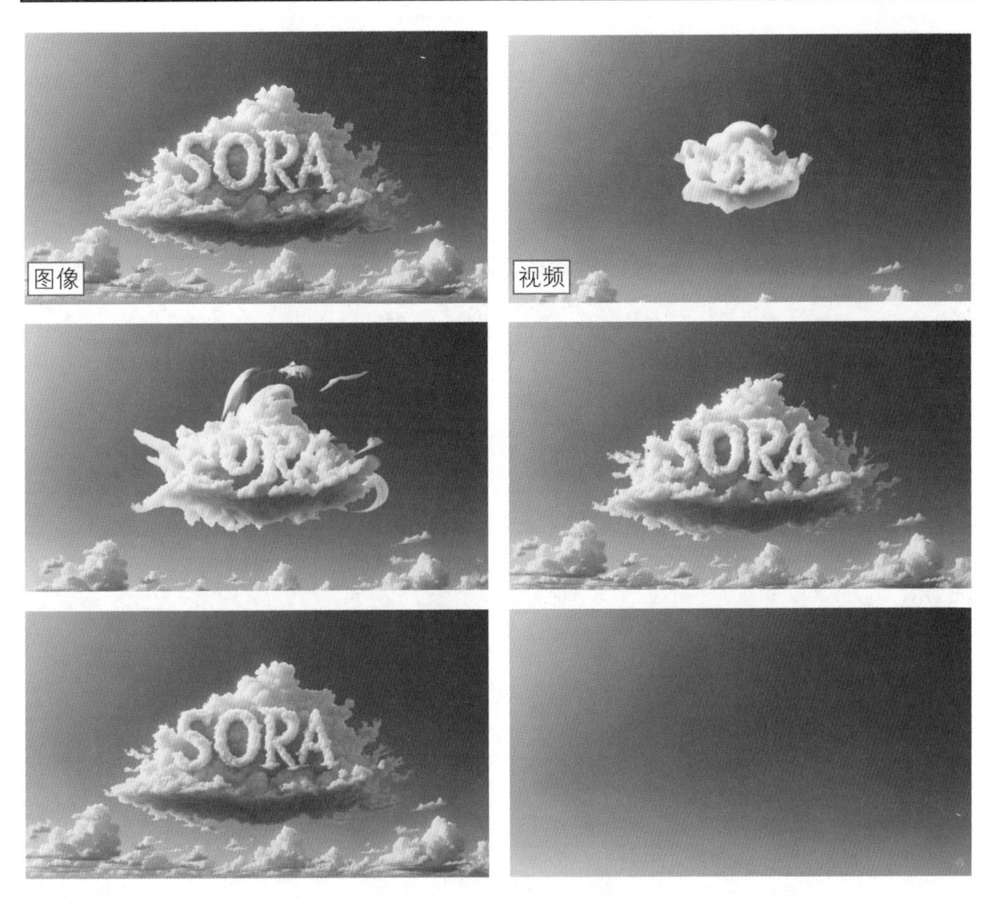

图 5-20　由字母组成的云朵图片

❹ 使用 DALL・E 生成一张包含巨大潮汐波和冲浪者的静态图像，然后通过 Sora 的图生视频功能生成一段动态视频，相关示例如图 5-21 所示。这段视频中的潮汐波被赋予逼真的水流动画效果，而冲浪者则展现出他们的技巧，在波浪上驰骋。

★ 知 识 扩 展 ★

Sora会对图像进行深度分析，识别出图像中的各个元素（如潮汐波、冲浪者等），并使这些元素在视频中呈现出动态的效果。

【示例46】：冲浪者在历史大厅中驾驭巨浪

Prompt	In an ornate, historical hall, a massive tidal wave peaks and begins to crash. Two surfers, seizing the moment, skillfully navigate the face of the wave.	扫码看案例效果
提示词	在一个华丽的历史大厅里，一股巨大的潮汐达到顶峰并开始落下。两名冲浪者抓住时机，熟练地驾驭着海浪。	

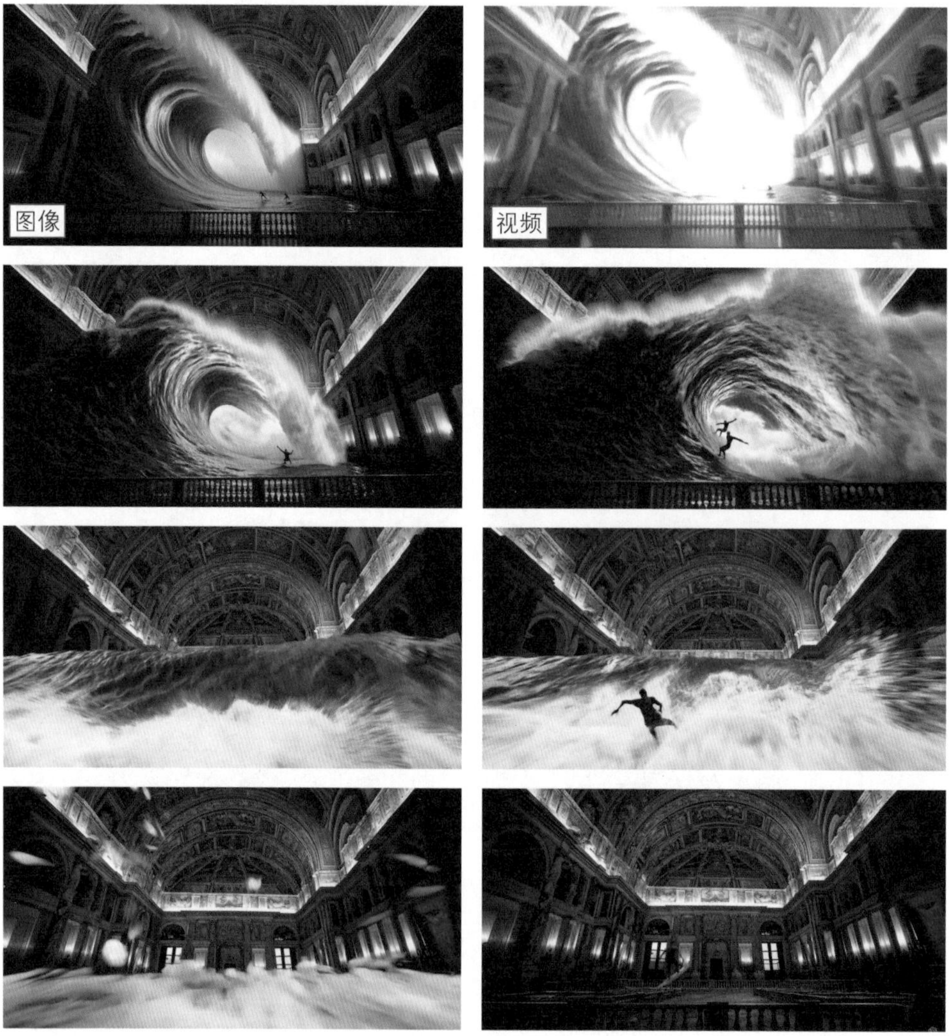

图像

视频

图5-21　冲浪者在历史大厅中驾驭巨浪

在基于DALL·E图像生成的动画视频中，可以看到原本静态的场景变得栩栩如生，人物的动作自然流畅，物体的运动轨迹也完全符合物理规律，仿佛整个虚拟世界都活了过来。而这一切都得益于Sora精准的动画渲染技术和对细节的精细把控，成功地将静态图像转化为生动的动画视频，为用户带来了全新的视觉体验。

5.2.2　视频生视频：向前或向后扩展视频的时长

扫码看教学视频

Sora的视频生视频功能，主要是将用户上传的原始视频向前或向后扩展，以增加视频的时长。下面3个视频都是从视频结尾处向后扩展得到的，因此这些视频的开头各不相同，但最终都达到了相同的结局，相关示例如图5-22所示（注意：这是视频生视频，因此没有用到提示词）。

【示例47】：旧金山的高空城市缆车

扫码看案例效果

❶ 第1段视频分析：视频开头的缆车在高空行驶，然后镜头突然急转直下，缆车也随之回到了地面的轨道上，并逐渐驶向城市深处，同时画面中弹出了片尾字幕。

图5-22

扫码看案例效果

❷ 第 2 段视频分析：视频开头的缆车同样在高空行驶，但镜头角度是从侧面拍摄的，不同于第 1 段视频的背面拍摄，然后镜头同样急转直下，缆车也随之回到了地面的轨道上，并逐渐驶向城市深处，同时画面中弹出了片尾字幕。

可以看到，在整个视频的播放过程中，无论是在视频的开始、中间还是结尾，缆车上的文字都保持了高度的一致性。这种长期一致性的特点使得 Sora 在生成视频时，能够保持内容的逻辑一致性和连贯性，从而提高了视频的质量和观感。

扫码看案例效果

❸ 第 3 段视频分析：视频开头的缆车在缓慢上升，升到高空的城市后，缆车回到了城市地面的轨道上，并逐渐驶向城市深处，同时画面中弹出了片尾字幕。

图 5-22　旧金山的高空城市缆车

在AI视频领域，扩展视频是一个重要的功能，它可以帮助我们创造出更加丰富多彩且有趣的视频内容。Sora提供的扩展视频功能，不仅可以让视频更加流畅自然，还可以让我们更加灵活地调整视频的时长和节奏。

通过向后扩展视频，可以让观众更加深入地了解视频中的情节和人物关系，让故事更加完整和有趣。同时，向前扩展视频也可以更好地展示视频中的某些细节和场景，让观众更加清晰地了解视频中的主题和重点。

通过Sora的视频生视频功能，将视频向前和向后扩展，还可以制作出无缝无限循环的视频效果，相关示例如图5-23所示。从图5-23可以看到，视频成功地呈现了一个仿佛永无止境的骑行场景，让观众能够身临其境地感受骑手在丛林中的冒险之旅。

【示例 48】：永无止境的骑行场景

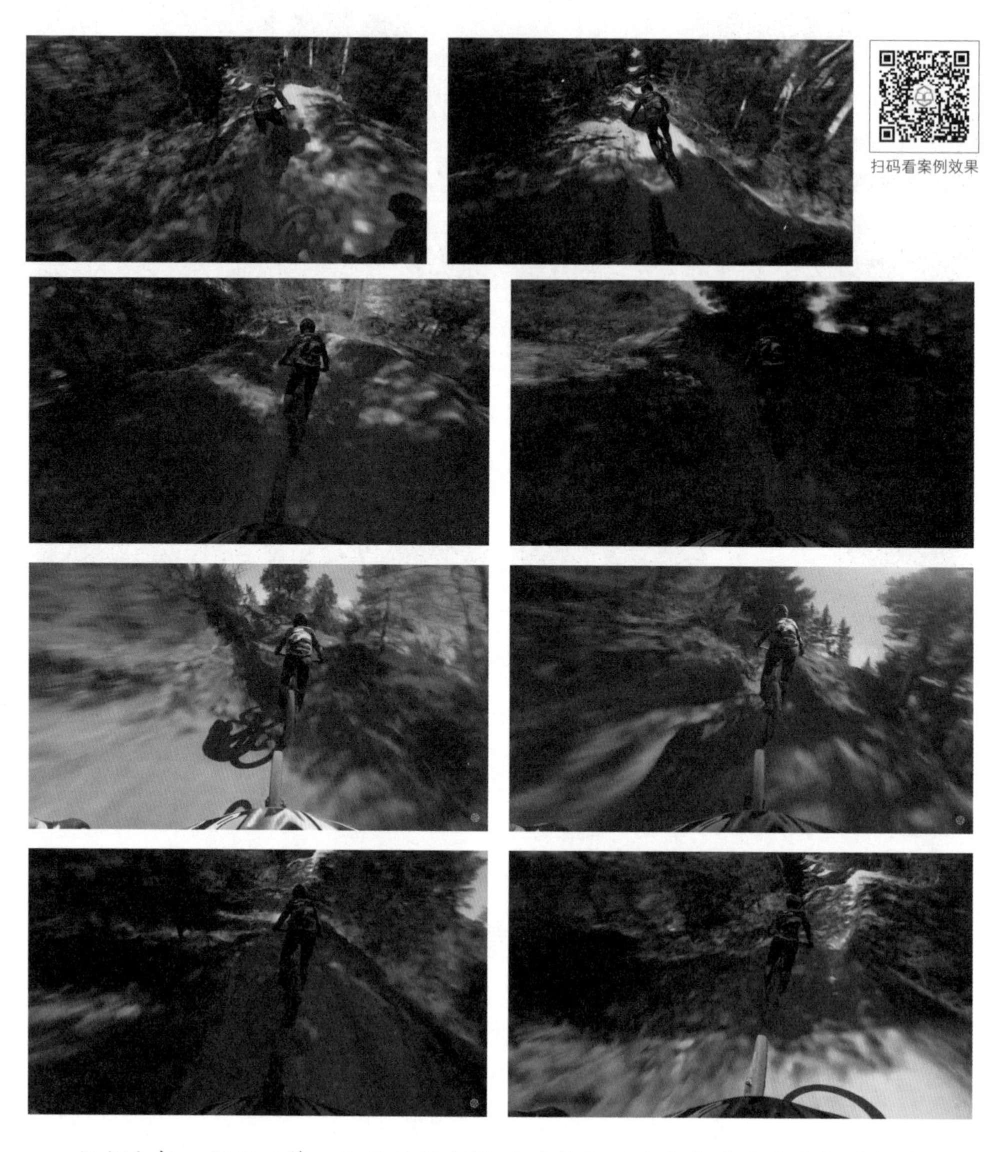

视频分析：视频以第一人称的视角展现了前方的骑手在丛林中穿梭的场景，形成了一个独特的循环，视频的开头和结尾巧妙地衔接在一起，仿佛骑手的骑行之旅从未结束。

图 5-23　永无止境的骑行场景

这种视频扩展功能在视频编辑和动画制作中非常实用。想象一下，如果你想要一个背景循环效果或者某个特效一直重复，但又不想让观众看出明显的拼接痕迹，那么这种无缝无限循环技术就能派上用场。

Sora通过精确控制每一帧的内容和过渡效果，可以使视频在播放时看起来像是一个永无止境的循环，不仅能够为观众带来更加沉浸式的体验，还使得视频内容更加生动和有趣。

除了用于背景或特效，这种技术还可以用于创建各种有趣的视觉效果，如动态图案、旋转的3D对象等。只要你能想象到，就可以通过Sora的无缝无限循环技术将其变为现实。

总之，Sora的扩展视频功能为视频编辑提供了更多的可能性和灵活性，让我们可以更加自由地创造出自己喜欢的视频内容。

5.2.3　视频到视频编辑：转换视频的风格和环境

Sora的视频到视频编辑功能采用了一种名为SDEdit的扩散模型，能够实现从文本提示中编辑图像和视频的功能。SDEdit扩散模型使Sora能够零样本地转换输入视频的样式和环境，用户只需通过文本描述他们想要的场景、氛围或风格，Sora就能够将这些想法迅速转化为生动逼真的视频。

扫码看教学视频

★ 知 识 扩 展 ★

这种零样本的编辑方式意味着用户无须提前提供示例视频或进行烦琐的参数调整。Sora 能够直接从文本指令中捕获用户的意图，并自动完成编辑任务。这不仅提高了编辑的效率和便捷性，还为用户提供了更加个性化和创意的视频编辑体验。

通过使用SDEdit扩散模型，Sora能够接收文本指令，并据此对输入的视频进行精确且个性化的编辑。这种编辑不仅仅是简单的裁剪或添加效果，而是对视频的整体风格和环境的彻底改变，相关示例如图5-24所示。从图5-24中可以看到，在保持视频流畅性和一致性的同时，使视频的整体风格与丛林环境相契合。

【示例49】：飞驰在丛林中的跑车

Prompt	a red sports car driving down a road in the woods and trees in the background.	扫码看案例效果
提示词	一辆红色跑车在树林和树木中行驶。	

原视频效果

Prompt	change the setting to be in a lush jungle.	扫码看案例效果
提示词	将环境更改为郁郁葱葱的丛林。	

编辑后的视频效果

图 5-24　飞驰在丛林中的跑车

SDEdit这种视频到视频的编辑技术，为Sora带来了巨大的潜力和创新性。无论是想将背景从城市街头变为宁静的乡村田野，还是希望将视频的整体色调调整为暖色调以营造温馨的氛围，SDEdit都能帮助Sora轻松实现。

5.2.4　连接视频功能：创建神奇的无缝过渡效果

扫码看教学视频

Sora的连接视频功能通过对两个输入视频进行逐步插值，从而在构图完全不同的主题和场景之间创建无缝过渡。在下面的示例中，中间的视频在左右两侧对应的视频之间进行插值，从而将不同风格、不同主题的视频巧妙地连接在一起，创造出更加连贯和吸引人的视觉效果。

❶ 图5-25所示的示例展示了无人机视频与蝴蝶视频的巧妙结合。在输入视频1中，一架无人机在古罗马建筑的宏伟空间中自如穿梭；而在输入视频2中，一只黄色蝴蝶在海洋的珊瑚礁丛中翩翩起舞。将这两个视频巧妙地连接起来，无人机在穿过一个建筑缝隙后突然变成了蝴蝶，这种无缝的过渡和连接，将两个看似毫无关联的场景巧妙地融合在一起，创造出了全新的视觉体验。

【示例 50】：无人机视频与蝴蝶视频的连接

Prompt	a drone flew over the ancient Roman architectural complex.
提示词	一架无人机飞过古罗马建筑群。

扫码看案例效果

输入视频 1 效果

Prompt	A butterfly flies on a coral reef in the seawater, surrounded by other corals and seaweed, as well as water, underwater environment, micro photography, ecological art.
提示词	一只蝴蝶在海水中的珊瑚礁上飞行，周围环绕着其他珊瑚和海藻，还有水，水下环境，微距摄影，生态艺术。

扫码看案例效果

输入视频 2 效果

扫码看案例效果

连接视频效果

图 5-25 无人机视频与蝴蝶视频的连接

★ 知 识 扩 展 ★

无论是将风景片段与城市风光相结合，还是将历史片段与现代场景相交融，Sora都能帮助用户实现无缝过渡，使观众在观看过程中不会感到突兀或断裂。

❷ 图5-26所示的示例展示了越野车视频与豹子视频的巧妙结合。在输入视频1中，镜头跟随在一辆越野车后面，在陡峭的山坡上加速行驶；而在输入视频2中，镜头跟随一只豹子穿梭在布满乔木和灌木的茂密森林中。将这两个视频巧妙地连接起来，先是出现越野车行驶的场景；然后豹子突然窜出来，跟在越野车的后面；接着越野车加速行驶离开了镜头画面；最后豹子也一路跑到了茂密的森林中。

【示例 51】：越野车视频与豹子视频的连接

Prompt	The camera follows behind a white vintage SUV with a black roof rack as it speeds up a steep dirt road surrounded by pine trees on a steep mountain slope, dust kicks up from it's tires, the sunlight shines on the SUV as it speeds along the dirt road, casting a warm glow over the scene. The dirt road curves gently into the distance, with no other cars or vehicles in sight. The trees on either side of the road are redwoods, with patches of greenery scattered throughout. The car is seen from the rear following the curve with ease, making it seem as if it is on a rugged drive through the rugged terrain. The dirt road itself is surrounded by steep hills and mountains, with a clear blue sky above with wispy clouds.
提示词	镜头跟随一辆带黑色车顶行李架的白色复古 SUV，SUV 加速行驶在一条被松树包围的陡峭土路上，车后灰尘飞扬，阳光给现场投下了温暖的光芒。土路缓缓向远处弯曲，看不到其他车辆。路两边的树都是红木，到处都是成片的绿色植物。从后面可以看到这辆车轻松地沿着弯道行驶，看起来就像是在崎岖的地形上行驶。土路本身被陡峭的山丘和山脉包围，上面是晴朗的蓝天和稀疏的云层。

扫码看案例效果

输入视频 1 效果

Prompt	The camera follows a agile leopard, weaving through the dense forest covered with trees and shrubs, displaying its wild power and agile posture.
提示词	镜头跟随一只矫健的豹子，它穿梭在布满乔木和灌木的茂密森林中，展现出野性的力量和敏捷的身姿。

图 5-26 越野车视频与豹子视频的连接

除了提供无缝过渡效果，Sora还具备高度的灵活性和可扩展性。用户可以根据自己的创意和需求，调整插值的速度和过渡方式，以达到最佳的视觉效果。同时，用户还可以结合其他视频编辑工具和技术，如音效、字幕等，来进一步增强视频的吸引力和表现力。

5.2.5 图像生成功能：为用户带来卓越的体验

扫码看教学视频

Sora同样具备图像生成功能，通过在空间网格中排列高斯噪声块，将每个块的时间跨度设置为一帧，来实现图像的生成。Sora可以生成不同大小的图像，最高分辨率可达2048×2048。

Sora的图像生成能力基于深度学习算法和计算机视觉技术，通过将高斯噪声块作为输入，模型可以学习到如何将这些随机噪声转化为有意义的图像。这种生成过程不仅快速，而且具有高度灵活性，可以根据需要生成不同尺寸和分辨率的图像。Sora生成的相关图像效果如下。

❶ 一个女人在秋天的特写肖像，效果如图5-27所示。

Prompt	Close-up portrait shot of a woman in autumn, extreme detail, shallow depth of field
提示词	一个女人在秋天的特写肖像，极端的细节，浅景深。

图 5-27　一个女人在秋天的特写肖像

效果分析：Close-up portrait shot 明确图像应该是一个近距离的肖像摄影作品，聚焦于女人的脸部或上半身，以捕捉被摄对象的情感、细节和表情；of a woman 明确了被摄对象是女性，这有助于模型生成具有女性特征的肖像，如柔和的曲线、细腻的皮肤纹理等；in autumn 为图像提供了季节背景，即秋天，同时可能会影响图像的色调和氛围；extreme detail 强调了图像应该具有极高的细节水平；shallow depth of field 是摄影中的一个技术术语，指的是镜头聚焦的范围很窄，用于强调主要对象，将观众的注意力集中在主体上，而背景则呈现出柔和的模糊效果。

❷ 色彩鲜艳、生物多样的珊瑚礁，效果如图5-28所示。

图 5-28　色彩鲜艳、生物多样的珊瑚礁

Prompt	Vibrant coral reef teeming with colorful fish and sea creatures
提示词	具有活力的珊瑚礁充满了五颜六色的鱼类和海洋生物。

效果分析：Vibrant coral reef 描述了图像的背景，即一个充满生机的珊瑚礁，意味着图像的色彩应该非常鲜艳、丰富；teeming with 强调了珊瑚礁上生物的数量和多样性，让图像中显示出大量的海洋生物；colorful fish 指出了图像中应该包含多种颜色鲜艳的鱼类，与珊瑚礁形成鲜明的对比和互补；and sea creatures 进一步扩展了海洋生物的多样性，不仅限于鱼类，还包括其他海洋生物，为场景增添了更多的细节和复杂性。

❸ 苹果树下的小老虎哑光绘画，效果如图5-29所示。

图 5-29　苹果树下的小老虎哑光绘画

Prompt	Digital art of a young tiger under an apple tree in a matte painting style with gorgeous details
提示词	苹果树下一只幼虎的数字艺术作品，采用哑光绘画风格，细节绚丽。

效果分析：Digital art 表明图像是通过数字手段创作的，意味着图像的风格和细节可以非常精细；of a young tiger 是图像的主要元素之一，即一只年幼的虎；under an apple tree 提供了图像的背景元素，即一棵苹果树；in a matte painting style 指的是一种特殊的绘画风格，常用于电影和电视特效中，以创建逼真的背景或环境，matte painting 通常具有细致入微的细节和丰富的色彩，而且往往注重透视和光影效果；with gorgeous details 强调了图像应该包含许多精美的细节，能够增强图像的逼真感和视觉吸引力。

❹ 被雪覆盖的山村摄影照片，效果如图5-30所示。

Prompt	A snowy mountain village with cozy cabins and a northern lights display, high detail and photorealistic dslr, 50mm f/1.2
提示词	一个雪山村庄，有舒适的小屋和北极光显示屏，高细节，逼真，数码单反相机，焦距 50 毫米，光圈 f/1.2。

图 5-30　被雪覆盖的山村摄影照片

效果分析：Snowy mountain village 指明了图像的背景是一个位于雪山中的村庄，营造出寒冷而宁静的氛围；cozy cabins 暗示了村庄中会有一些温馨的小屋，且小屋可能被设计成传统风格；Northern lights display 是这段提示词中最引人入胜的元素之一，显示出五彩斑斓的光束和色彩的北极光，与雪白的山脉和温馨的小屋形成鲜明的对比，增添一种神秘而浪漫的氛围；high detail 用于要求 Sora 生成的图像具有高细节，画面没有模糊或失真现象；photorealistic dslr 表明图像应该具有照片级的真实感，如同用高级数码单反相机拍摄的照片一样，使得图像看起来更加真实和引人入胜；50mm 是一个标准的镜头焦距参数，能够拍摄出广角的风景；f/1.2 表示镜头的光圈非常大，这意味着在低光环境下也能捕捉到明亮、清晰的图像，并且能产生强烈的景深效果，使得前景和背景之间的对比更加明显。

总之，Sora的图像生成能力使其成为一个功能强大的工具，可以在各种应用中发挥巨大的作用。无论是为视频制作增色添彩，还是为游戏开发提供高质量的图像资源，Sora都能凭借其出色的图像生成能力为用户带来卓越的体验。

第 6 章
指令编写：优化提示词提升Sora的生成效果

Sora作为一个强大的文生视频模型，为用户提供了无限的创作可能性。为了充分发挥其创作潜力，编写精确且富有想象力的提示词（又称为文本描述、文本指令或指令）至关重要。这些文本指令就像是魔法咒语，引导着Sora创作出令人惊叹的视频内容。

6.1 编写 Sora 提示词的基础思路

在编写Sora提示词时，用户需要明确自己的目标和意图，确保所使用的词汇和短语能够清晰地传达给模型，从而充分发挥模型的潜力，创作出丰富多样、引人入胜的视频作品。本节将介绍编写Sora提示词的基础思路，以获得最佳的视频生成效果。

6.1.1 明确具体的视频元素

扫码看教学视频

在使用Sora文生视频模型时，编写明确且具体的提示词对于生成符合预期的视频内容至关重要。为了确保模型能够准确捕捉你的意图并生成相应的视频，你需要在提示词中明确描述自己想要的视频元素，如人物、动作、环境等。

例如，在下面这个视频的提示词中，成功地构建了一个生动有趣的场景——“一只小狗在热带毛伊岛上拍摄视频”，这样的描述为Sora提供了足够明确的信息，从而让它生成符合提示词预期的视频内容，相关示例如图6-1所示。

【示例 52】：一只在拍摄视频的柯基犬

Prompt	A corgi vlogging itself in tropical Maui.	扫码看案例效果
提示词	一只柯基犬在热带毛伊岛拍摄视频。	

图 6-1 一只在拍摄视频的柯基犬

6.1.2　详细描述场景细节

扫码看教学视频

在Sora的提示词中，应尽可能地详细描述场景的每个细节，包括颜色、光线、纹理等。例如，如果是关于一朵花在郊区房屋的窗台上生长的定格动画，相关的提示词示例如图6-2所示。

【示例 53】：一朵花生长的定格动画

Prompt	A stop motion animation of a flower growing out of the windowsill of a suburban house.	扫码看案例效果
提示词	郊区一所房子的窗台上长出一朵花的定格动画。	

图 6-2　一朵花生长的定格动画

从图6-2中可以看到，该视频提示词的描述有助于Sora更好地理解和生成视频中的细节。下面是关于这段提示词的分析。

❶ 动画类型：描述中明确指出是stop motion animation（定格动画），这是

动画的一种形式，其中每个场景都是静态的，通过连续播放这些静态场景来创建动态效果，这种明确的类型说明有助于模型确定视频的基本风格和技术要求。

❷ 主体与场景：描述中的a flower growing out of the windowsill（从窗台上长出来的花）指出了视频的主体是一朵花，并且这朵花生长在郊区房屋的窗台上，这个细节为模型提供了场景设置和主体行为的明确指导。

❸ 环境氛围：通过suburban house（郊区房子）这一描述，为视频设定了一个特定的环境，即宁静和安逸的郊区，这有助于模型在生成视频时考虑光线、色彩和背景元素，以营造这种氛围。

❹ 故事线：提示词中提到了growing（生长），这意味着视频将展示花的生长过程，包括从发芽到开花等各个阶段，这个生长过程的描述为模型提供了视频内容的时间线和关键事件。

6.1.3　创造性地使用提示词

扫码看教学视频

Sora鼓励用户发挥创造力，在提示词中尝试新的组合和创意，激发模型的想象力，生成非常有趣的视频效果，相关示例如图6-3所示。从图6-3可以看出，这段提示词充满了创意和想象力，鼓励Sora探索一个全新且非传统的场景。下面来分析这段提示词的生成效果。

❶ 创意融合：提示词成功地将截然不同的元素（“纽约的街道”与“鱼、鲸、海龟和鲨鱼”）结合在一起，这种创意的融合为模型提供了一个广阔的想象空间，使得生成的视频内容可能既奇特又引人入胜。

【示例54】：一群鱼在纽约的街道上游动

Prompt	New York City submerged like Atlantis. Fish, whales, sea turtles and sharks swim through the streets of New York.	 扫码看案例效果
提示词	纽约市像亚特兰蒂斯一样被淹没。鱼、鲸、海龟和鲨鱼在纽约的街道上游动。	

图 6-3　一群鱼在纽约的街道上游动

❷ 场景设定：通过描述New York City submerged like Atlantis（纽约市像亚特兰蒂斯一样被淹没），提示词设定了一个独特的场景，这种设定不仅新颖，而且为接下来的元素（海洋生物在街道上游泳）提供了合理的背景。

❸ 角色与环境的互动：提示词中提到了海洋生物，如“鱼、鲸、海龟和鲨鱼”，而且这些海洋生物在街道上游泳，这种角色与环境的互动为视频增加了趣味性和新奇感。

其实，这样的提示词对Sora来说是一个挑战，因为它需要模型在理解并融合多个不同元素的同时，还要保持逻辑和视觉的一致性。然而，这种挑战也为模型提供了发挥创造力的机会，鼓励它生成更加独特和有趣的视频内容。

6.1.4　构思引人入胜的角色和情节

扫码看教学视频

在编写Sora的提示词时，用户可以构思一些引人入胜的角色和情节。一个吸引人的视频往往围绕着有趣、独特且情感丰富的角色展开，这些角色在精心设计的情节中展现出各自的魅力和故事，相关示例如图 6-4 所示。

【示例 55】：一只猫叫醒正在睡觉的主人

Prompt	A cat waking up its sleeping owner demanding breakfast. The owner tries to ignore the cat, but the cat tries new tactics and finally the owner pulls out a secret stash of treats from under the pillow to hold the cat off a little longer.	 扫码看案例效果
提示词	一只猫叫醒熟睡的主人，要求吃早饭。主人试图忽略这只猫，但猫尝试了新的策略，最终主人从枕头下拿出了一堆秘密的零食，让猫多待一会儿。	

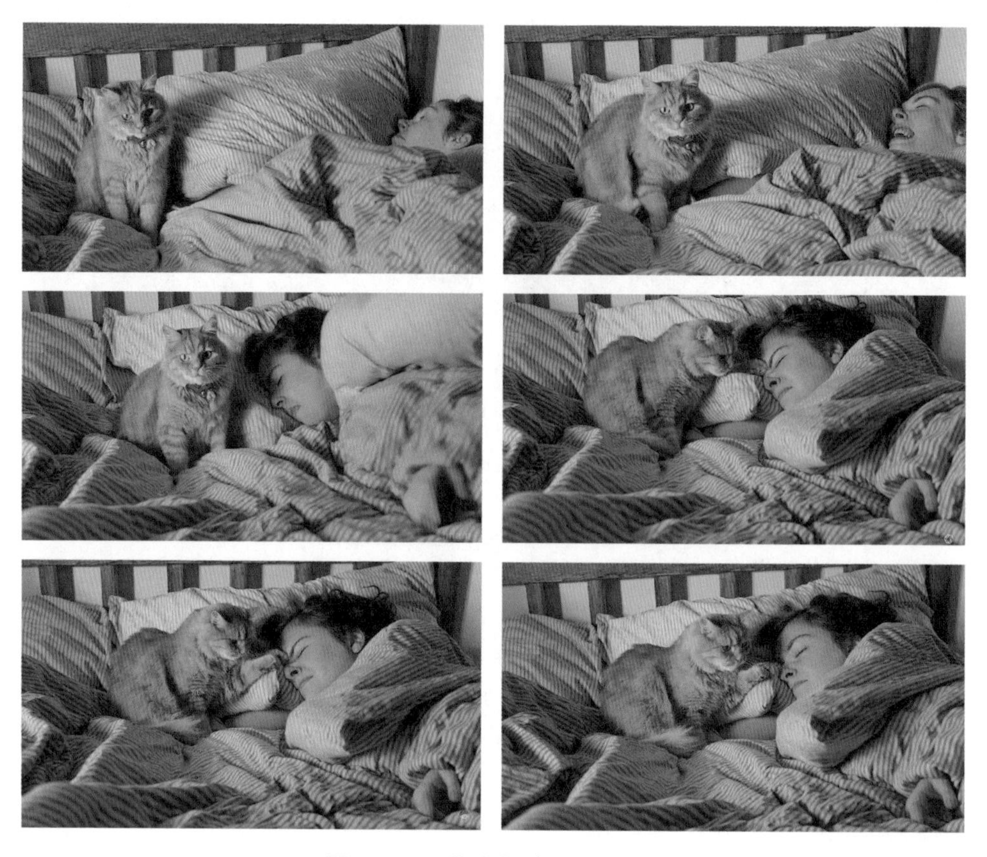

图 6-4　一只猫叫醒正在睡觉的主人

从图6-4可以看出，这段提示词构思了一个温馨而有趣的家庭场景，其中包含了吸引人的角色和情节，相关分析如下。

❶ 在角色设定方面：猫作为主角，具有鲜明的性格特点，如聪明、机智且执着。猫的行为，如叫醒主人要求吃早餐，展示了它的活跃和独立性。而主人则呈现出一种被打扰后的无奈和宠溺，试图忽略猫的要求，但又最终被猫的各种战术所打败。

❷ 在情节设计方面：这段提示词巧妙地安排了冲突和转折。初始冲突是猫要求吃早餐与主人希望继续睡觉的矛盾，随着猫尝试不同的战术，情节逐渐升级。主人最终拿出枕头下的秘密零食来暂时安抚猫，这一转折既体现了主人对猫的喜爱，也展示了猫与主人之间的深厚情感。

❸ 巧妙设置悬念和高潮：猫会采用什么新战术？主人会如何应对？最后主人拿出的秘密零食是什么？这些悬念将激发观众的好奇心，期待视频能够揭晓答案。

★ 知 识 扩 展 ★

需要注意的是，即使是Sora官方发布的演示视频，我们也可以从中发现不少瑕疵，如人物手部的位置很奇怪、猫多出来的爪子，以及视频最后并未出现提示词描述的结局画面。这可能是由于模型在处理多物体或复杂场景时的局限所导致的。为了解决这个问题，我们可以尝试简化场景或提供更准确的物体描述，以减少模型的处理负担。

6.1.5 用逐步引导的方式构建提示词

扫码看教学视频

使用逐步引导的方式构建提示词，先描述整体场景和背景，再逐步引入角色、动作和情节，这种方式可以帮助Sora更好地理解你的意图，并生成更加符合预期的视频内容，相关示例如图6-5所示。从图6-5可以看出，使用这种逐步引导的提示词，Sora在生成视频时会呈现出以下效果。

【示例 56】：挤满了工人的建筑工地

Prompt	Tiltshift of a construction site filled with workers, equipment, and heavy machinery.	 扫码看案例效果
提示词	建筑工地的倾斜移位，里面挤满了工人、设备和重型机械。	

图 6-5

图 6-5　挤满了工人的建筑工地

❶ 以一种类似Tiltshift（倾斜移位）摄影风格的视角展现建筑工地。Tiltshift通常用于创建一种小型模型或玩具世界的效果，这为视频设定了一个特定的视觉效果。

❷ filled with workers（挤满了工人）说明工地上充满了工人，视频中可以看到工地上忙碌的景象，工人穿梭其间，操作各种建筑设备和重型机械。

❸ 由于没有描述具体的情节，视频会聚焦在工地上不同区域的工作场景，展示工人和设备之间的互动，以及他们如何协同完成建筑任务。

6.2　Sora 提示词的编写技巧

通过不断地尝试、调整和优化提示词，我们可以逐渐发现哪些文本指令更有效，哪些文本指令更能激发模型的创造力。本节主要介绍Sora提示词的编写技巧，包括如何选择Sora的提示词、Sora提示词的编写顺序及注意事项等内容。

6.2.1　如何选择Sora的提示词

扫码看教学视频

在Sora或类似的AI视频生成模型中，选择恰当的提示词有助于生成理想的视频效果。下面是一些关键步骤和建议，可以帮助用户选出更具影响力的提示词。

❶ 明确目标与主题：在开始编写提示词之前，明确你希望视频展现的主题、风格和内容，这将帮助你精准地选择相关的文本描述和词汇。例如，如果你想要呈现基纳巴丹干河上的婆罗洲野生动物，那么“基纳巴丹干河、婆罗洲、野生动物”就是一个很好的目标描述，相关示例如图6-6所示。

❷ 识别关键元素：思考你希望在视频中出现的核心元素，如场景、物体、人物或动物，并将它们融入到提示词中。

❸ 添加风格与情感：根据你期望的视频风格（如现实主义、印象派、超现实主义）和情感氛围（如欢乐、宁静、神秘），在提示词中加入相应的描述。

❹ 具体而详细：使用具体、详细的文本描述，以指导视频的具体细节和效果。

【示例 57】：基纳巴丹干河上的野生动物

Prompt	Borneo wildlife on the Kinabatangan River.	扫码看案例效果
提示词	基纳巴丹干河上的婆罗洲野生动物。	

图 6-6　基纳巴丹干河上的野生动物

★ 知 识 扩 展 ★

从图 6-6 可以看出，提示词清晰地界定了视频的主题（婆罗洲的野生动物），并指定了特定的环境或背景（基纳巴丹干河），这样的明确性有助于指导模型准确地捕捉和渲染所需的视频画面。

❺ 平衡与简洁：在提供足够的信息和保持提示词简洁之间找到平衡，过于冗长的提示词可能会使模型感到困惑。

❻ 避免矛盾与模糊：确保提示词内部没有矛盾，并避免使用模糊不清或与主题不符的文本描述。

❼ 考虑文化因素：考虑到文化背景和语境对词汇的影响，不同的文化可能对同一词汇有不同的解读。例如，如果目标受众熟悉东方艺术，可以加入“如中国山水画般的背景”来增强文化共鸣。

❽ 实践与调整：不同的提示词组合可能会产生不同的效果，用户要勇于尝试和调整，以找到最适合自己的提示词组合。

6.2.2 Sora提示词的编写顺序

扫码看教学视频

在使用Sora生成视频时，提示词的编写顺序对最终生成的视频效果具有显著影响。虽然并没有绝对固定的规则，但下面这些建议性的指导原则，可以帮助用户更加有效地组织提示词，以便得到理想的视频效果。

❶ 突出主要元素：在编写提示词时，首先明确并描述画面的主题或核心元素，模型通常会优先关注提示词中序列的初始部分，因此将主要元素放在前面可以增加其权重。例如，某视频主题是Tour of an art gallery（参观一个美术馆），建议首先使用Tour（参观）作为起始词，模型将理解场景应该设定在室内，并且具有美术馆的氛围和布局。

❷ 定义风格和氛围：在确定了主要元素后，紧接着添加描述整体感觉或风格的词汇，这样可以帮助模型更好地把握画面的整体氛围和风格基调。如果用户没有明确的视频风格，那么这一步也可以跳过。

❸ 细化具体细节：在明确了主要元素和整体风格后，继续添加更具体的细节描述，能够进一步指导模型渲染出更丰富的画面特征。例如，在Tour of an art gallery这个提示词的基础上，加入with many beautiful works of art in different styles（里面有许多不同风格的美丽艺术品），这样模型将能够更好地捕捉和呈现美术馆内的艺术品和氛围，使观众仿佛身临其境地参观美术馆，欣赏不同风格的艺术品，相关示例如图6-7所示。

【示例58】：美术馆内的艺术盛宴

Prompt	Tour of an art gallery with many beautiful works of art in different styles.	扫码看案例效果
提示词	参观一个美术馆，里面有许多不同风格的漂亮艺术品。	

图 6-7　美术馆内的艺术盛宴

❹ 补充次要元素：最后可以添加一些次要元素或对整体视频影响较小的文本描述，这些元素虽然不是画面的焦点，但它们的加入可以增加视频的层次感和丰富性。

6.2.3　编写Sora提示词的注意事项

扫码看教学视频

掌握了Sora提示词的编排顺序后，下面这些注意事项将帮助用户进一步优化提示词的生成效果。

❶ 简洁精炼：虽然详细的提示词有助于指导模型，但过于冗长的提示词可能会导致模型混淆这些概念，因此应尽量保持提示词简洁而精确，相关示例如

图6-8所示。从图6-8可以看出，由于提示词中没有冗余的信息，这种简洁性不仅提高了模型的理解效率，还有助于提高视频内容的清晰度和一致性。

❷ 平衡全局与细节：在描述具体细节时，不要忽视整体概念，确保提示词既展现全局，又包含关键细节。

【示例59】：跳迪斯科舞的卡通袋鼠

Prompt	A cartoon kangaroo disco dances.	扫码看案例效果
提示词	一只卡通袋鼠跳着迪斯科舞。	

图6-8　跳迪斯科舞的卡通袋鼠

❸ 发挥创意：使用比喻和象征性语言，激发模型的创意，生成独特的视频效果，如“时间的河流，历史的涟漪”。

❹ 合理运用专业术语：若用户对某领域有深入了解，可以运用相关专业术语以获得更专业的结果，如“巴洛克式建筑，精致的雕刻细节”。

第 7 章
提示词库：打造专业级视频效果必备的要素

在AI视频的广阔天地中，想要打造出专业的视频效果，一个精心构建的提示词库是必不可少的工具。提示词库不仅为用户提供了明确的指导，还是确保视频内容质量、风格一致的关键所在。本章将深入探讨如何构建这样一个专业的提示词库，让你能够更有效地与Sora模型进行沟通，指导它生成符合你期望的AI视频效果。

7.1 Sora内容型提示词

本节主要介绍Sora的内容型提示词，它聚焦于视频内容的各个方面，包括主体特征、场景特征、艺术风格等，这些都是塑造视频故事性的关键要素。通过仔细选择和组合内容型提示词，用户可以精确地控制视频中的每一个细节，从而打造出引人入胜的视觉效果。

7.1.1 主体特征

扫码看教学视频

在使用Sora生成视频时，主体特征提示词是描述视频主角或主要元素的重要词汇，它们能够帮助模型理解和创造出符合要求的视频内容。主体特征提示词包括但不限于以下几个类型，如表7-1所示。

表7-1 主体特征提示词示例

特征类型	特征描述	特征举例
外貌特征	描述人物的面部特征	如眼睛、鼻子、嘴型、脸型
	描述身材和体型	如高矮、胖瘦、肌肉发达程度
	描述肤色、发型、发色等外观特征	如肤色白皙、短发、金色头发
服装与装饰	描述人物的服装风格	如正装、休闲装、运动装
	指定具体的服装款式或颜色	如西装、T恤、连衣裙
	提及佩戴的饰品或配件	如项链、手表、耳环
动作与姿态	描述人物的动态行为	如走路、跑步、跳跃
	提示特定的姿势或动作	如站立、坐着、躺着
	描述人物与环境的交互	如握手、拥抱、推拉
情感与性格	提示人物的情感状态	如快乐、悲伤、愤怒
	描述人物的性格特点	如勇敢、聪明、善良
身份与角色	明确指出人物的社会身份	如企业家、运动员、老师
	描述人物在视频中的特定角色或职责	如邻居、勇敢者、英雄

通过灵活运用主体特征提示词，可以更加精确地控制Sora模型生成的视频内容，使其更符合用户的期望和需求。主体特征提示词的具体用法如下。

❶ 组合使用：用户可以将多个主体特征提示词组合起来，形成一个完整的描述，以更精确地指导模型生成符合要求的视频。例如："一个穿着绿色连衣

裙、戴着太阳帽的女人，在色彩斑斓的节日期间，在南极洲愉快地漫步。”这段提示词生成的视频效果如图7-1所示。

【示例 60】：在南极洲愉快漫步的女人

Prompt	a woman wearing a green dress and a sun hat, taking a pleasant stroll in Antarctica during a colorful festival.	扫码看案例效果
提示词	一个穿着绿色连衣裙、戴着太阳帽的女人，在色彩斑斓的节日期间，在南极洲愉快地漫步。	

图 7-1　在南极洲愉快漫步的女人

★ 知 识 扩 展 ★

从图 7-1 中可以看到，Sora 生成的视频展现出了一个穿着绿色连衣裙、戴着太阳帽的女人，在南极洲的雪景中漫步。视频的背景包括雪地和被雪覆盖的房屋。由于提示词中提到了 colorful festival（多彩的节日），视频中也会出现彩色的装饰、旗帜或其他节日元素。同时，女人的表情会显得愉悦和放松，与 taking a pleasant stroll（愉快地漫步）这一描述相符。

此外，视频还会捕捉到女人的动作，如走路的姿态、挥手或欣赏周围风景的样子。画面的光线和色调可能会根据 colorful（鲜艳的）这一提示词来调整，使得整个场景显得生动而多彩。

❷ 尝试改变主体特征：不要局限于一种主体描述方式，尝试使用不同的词汇和表达方式，以探索不同的视频生成效果。例如，在上一例提示词的基础上，对描述内容进行适当修改，可以生成不同主体特征的视频效果，相关示例如图7-2所示。

【示例 61】：不同主体特征的视频效果

Prompt	a woman wearing blue jeans and a white T-shirt, taking a pleasant stroll in Antarctica during a winter storm.	 扫码看案例效果
提示词	一位穿着蓝色牛仔裤和白色 T 恤的女士，在南极洲冬季的暴风雪中愉快地漫步。	

提示词分析：

❶ 主体特征：在提示词中对人物装扮进行了修改，角色将穿着蓝色牛仔裤和白色 T 恤。

❷ 场景设置：将视频背景设置为南极洲冬季的暴风雪中，营造出一种寒冷而神秘的环境氛围。

❸ 姿态表情：人物动作与上一个视频保持不变，角色将在暴风雪中愉快地漫步，并通过女性的步态、面部表情，以及她与环境互动的方式，来体现 taking a pleasant stroll 这个提示词的描述。

<table>
<tr><td>Prompt</td><td>a woman wearing purple overalls and cowboy boots, taking a pleasant stroll in Johannesburg, South Africa, during a beautiful sunset.</td><td rowspan="2">
扫码看案例效果</td></tr>
<tr><td>提示词</td><td>在南非约翰内斯堡美丽的日落时分，一位穿着紫色工装裤和牛仔靴的女性正在愉快地漫步。</td></tr>
</table>

提示词分析：

❶ 服装选择：在上面的提示词中，女性角色穿着的是 purple overalls（紫色工装裤），这是一种更具时尚感和个性化特点的服装搭配。overalls 通常带有一种复古或时尚的风格，而 cowboy boots（牛仔靴）则更加强调了西部或牛仔文化的元素。

❷ 视觉效果：由于人物服装选择的不同，紫色工装裤的颜色和款式可能会为视频带来更加鲜明和独特的视觉效果，而上一个视频中的 blue jeans and a white T-shirt（蓝色牛仔裤和白色 T 恤）则更加注重舒适和简约的风格。

图 7-2　不同主体特征的视频效果

7.1.2 场景特征

在使用Sora生成视频时，场景特征提示词是用来描述视频场景中环境、背景、氛围等细节的关键词或短语，这些提示词可以帮助模型营造出更加生动、真实的场景氛围。表7-2所示为一些常见的场景特征提示词。

表 7-2 常见的场景特征提示词

特征类型	特征描述	特征举例
地点描述	使用国家、城市、地区名称	如巴黎的街头、日本的乡村
	描述具体的建筑或地标	如长城之上、埃菲尔铁塔下
	使用自然环境描述	如森林中、沙滩上
时间描述	使用具体的时间点	如清晨、黄昏
	描述季节或天气	如夏日炎炎、冬日雪景
	使用节日或特殊日期	如元宵节之夜、新年钟声响起时
氛围描述	描述光线和阴影	如柔和的阳光下、斑驳的树影中
	使用颜色或色调来营造氛围	如温暖的橙色调、冷静的蓝色调
	描述声音或气味	如微风轻拂的声音、花香四溢
场景细节	描述建筑物或环境的特征	如古老的石板路、现代的摩天大楼
	使用道具或装饰来丰富场景	如街头的涂鸦艺术、树上的彩灯
	强调人物与环境的交互或位置	如人群中的孤独旅人、市场中的热闹摊位

在使用场景特征提示词时，应使用具体、明确的词汇来描述场景，避免使用模糊或含糊不清的表达，这有助于Sora更准确地理解并生成符合描述的视频内容。通过描述环境的细节、道具的摆放、人物的交互行为等，丰富场景，这有助于Sora在视频中营造出不同的情感氛围，提高观众的沉浸感和参与感。

另外，可以将不同的场景特征提示词组合在一起，创建出更加复杂和丰富的场景描述。例如，用户可以结合地点、时间、氛围和细节等多个方面的描述，来构建一个完整的场景画面，相关示例如图7-3所示。

需要注意的是，在使用场景特征提示词时，可能需要多次测试和调整才能找到最佳的组合和表达方式。用户可以通过观察Sora生成的视频结果，不断调整和优化场景特征提示词，以获得更满意的效果。

【示例 62】：色彩斑斓的鱼类和海洋生物

Prompt	A gorgeously rendered papercraft world of a coral reef, rife with colorful fish and sea creatures.	扫码看案例效果
提示词	一个渲染华丽的珊瑚礁纸质工艺品世界，到处都是色彩斑斓的鱼类和海洋生物。	

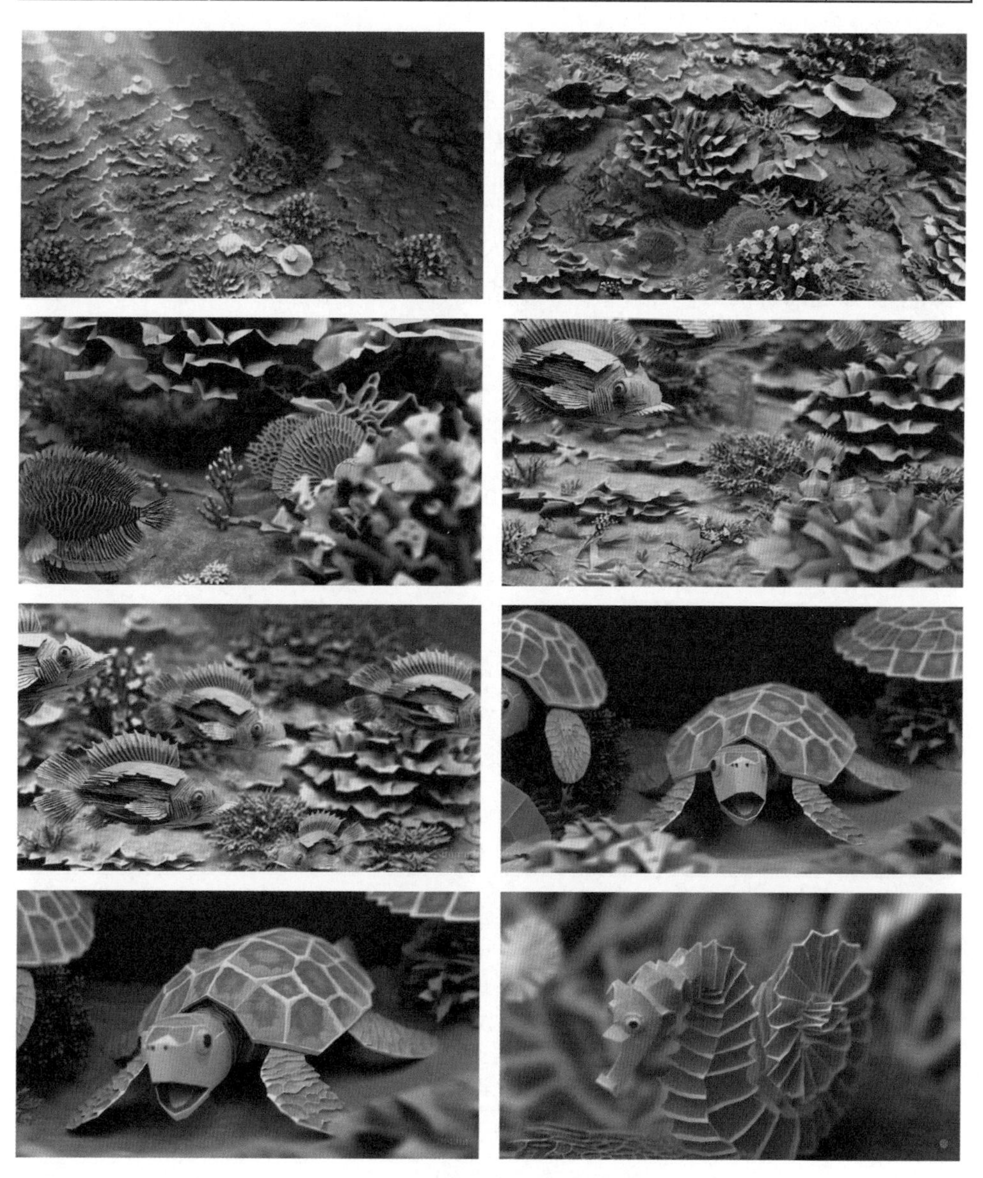

图 7-3　色彩斑斓的鱼类和海洋生物

★ 知识扩展 ★

上面这个视频中的提示词，成功地结合了地点（珊瑚礁）、氛围（华丽）和细节（色彩斑斓的鱼类和海洋生物），来构建一个完整的场景。它创造了一个富有想象力和创造力的场景，并通过强调 papercraft world（纸质工艺品世界），传达出一种独特而富有艺术感的氛围。这样的场景特征描述可以激发 Sora 的创造力，生成一个既美观又富有细节的珊瑚礁场景。

这个提示词还使用了形容词 gorgeously rendered（渲染华丽）来强调场景的美观和精致，进一步增强了场景的描述力和吸引力。这样的表达方式有助于 Sora 生成高质量的视频内容，满足用户对场景美观度的要求。

需要注意的是，由于Sora模型的生成能力有限，过于复杂或超出模型理解范围的场景描述可能导致生成结果不尽如人意。因此，在使用场景特征提示词时，需要平衡描述内容的具体性和模型的生成能力。

7.1.3 艺术风格

扫码看教学视频

在使用Sora生成视频时，艺术风格提示词是指用来指定或影响生成内容艺术风格的关键词或短语。艺术风格不仅可以显著影响视频的视觉效果，还能塑造特定的情感氛围，为观众带来独特的视觉体验。表7-3所示为一些常见的艺术风格提示词，这些提示词可以帮助Sora捕捉并体现出特定的艺术风格、流派或视觉效果。

表 7-3 常见的艺术风格提示词

风格类型	提示词示例
抽象艺术	抽象表现主义、几何抽象、涂鸦艺术、非具象绘画
古典艺术	巴洛克风格、文艺复兴、古典油画、古代雕塑
现代艺术	印象派、立体主义、超现实主义、极简主义
流行艺术	波普艺术、街头艺术、涂鸦墙、漫画风格
民族或地域风格	中国水墨画、日本浮世绘、印度泰米尔纳德邦绘画、北欧风格
绘画媒介和技巧	水彩画、油画、粉笔画、素描
色彩和调色板	黑白摄影、色彩鲜艳、暗调、冷色调 / 暖色调
风格和艺术家	梵高风格、毕加索风格、蒙德里安风格、莫奈风格
电影或视觉特效	电影感镜头、复古电影效果、动态模糊、光线追踪
混合风格	数码艺术与传统绘画结合、现实与超现实的融合、东西方艺术的交融、古典与现代的碰撞

艺术风格提示词的使用技巧如下。

❶ 直接点名风格：使用明确、具体的艺术风格名称。例如，如果用户想要生成电影般的画面效果，可以使用cinematic style（电影风格）这样的提示词，相关示例如图7-4所示。从图7-4可以看出，这段提示词设计得非常详细具体，它旨在生成一个具有电影预告片风格、胶片电影质感且色彩鲜艳生动的画面，其中包含一个30岁的太空人，背景是蓝天和“盐沙漠”。同时，这段提示词中还包含了几个关键的艺术风格提示词，这些都将影响最终生成的画面效果，相关提示词的作用如下。

① cinematic style这个提示词意味着生成的画面应该具有电影般的质感，包括适当的镜头运用、光影效果及可能的后期处理，如调色、特效、黑色的边框等，这将使画面看起来更加专业和引人入胜。

② shot on 35mm film（用35毫米胶片拍摄）这个提示词则暗示了画面应该具有一种胶片电影的质感，可能包括颗粒感、色彩饱和度和对比度等方面的特点，这种风格通常给人一种经典、怀旧的感觉，同时也能够增加画面的真实感和质感。

【示例 63】：太空冒险故事的电影预告片

Prompt	A movie trailer featuring the adventures of the 30 year old space man wearing a red wool knitted motorcycle helmet, blue sky, salt desert, cinematic style, shot on 35mm film, vivid colors.	扫码看案例效果
提示词	一部电影预告片，讲述了一位 30 岁的太空人的冒险故事，他戴着红色羊毛针织摩托车头盔，蓝天，盐沙漠，电影风格，用 35 毫米胶片拍摄，色彩生动。	

图 7-4

图 7-4　太空冒险故事的电影预告片

③ vivid colors（生动的色彩）这个提示词则强调了画面色彩的鲜艳和生动，这意味着模型在生成视频时，会尽可能地提高画面色彩的饱和度和对比度，使得画面更加鲜明和引人注目。

❷ 尝试与探索：不要害怕尝试新的、非传统的艺术风格组合，通过组合不同的风格，你可能会发现一些意想不到的效果。但需要注意的是，不是所有的艺术风格都适合任何场景或内容，必须确保你选择的艺术风格与场景描述或生成目标相匹配。

❸ 考虑目标受众：在选择艺术风格时，考虑你的目标受众。不同的风格可能会吸引不同的观众群体，因此选择与你的目标受众相匹配的风格是很重要的。

❹ 逐步细化：如果初次生成的结果不符合你的预期，可以逐步调整并细化艺术风格提示词。例如，可以从“抽象艺术”这个宽泛的类别开始，然后逐步细化为“几何抽象”或“涂鸦艺术”。

❺ 结合场景描述：将艺术风格提示词与具体的场景描述结合起来。例如，如果用户想要生成一个森林场景的视频，可以使用“森林中的光影交错”作为场景描述，并结合“印象派风格”或“水彩画风格”来影响视觉效果。

通过巧妙地使用艺术风格提示词，用户可以控制并影响Sora所生成视频的艺术方向和视觉效果，从而创作出独特而富有创意的视频内容。

★ 知识扩展 ★

需要注意的是，不同的模型可能对不同的艺术风格有不同的理解和生成能力。了解你使用的模型的能力范围，避免请求超出其能力的风格。

7.2　Sora标准化提示词

本节主要介绍Sora的标准化提示词，它侧重于视频制作的技术层面，如画面构图、视线角度、画面景别等。这些标准化提示词确保了视频制作的规范性和一致性，使得最终的作品在视觉上更加专业、协调。

7.2.1　画面构图

扫码看教学视频

在使用Sora生成视频时，画面构图提示词用于指导模型如何组织和安排画面中的元素，以创造出有吸引力和故事性的视觉效果。表7-4所示为一些常见的画面构图提示词及其描述。

表7-4　常见的画面构图提示词及其描述

提示词示例	提示词描述
横画幅构图	最常见的构图方式，通常用于电视、电影和大部分摄影作品。在这种构图中，画面的宽度大于高度，给人一种宽广、开阔的感觉，适合展现宽广的自然风景、大型活动现场等场景，也常用于人物肖像拍摄，以展现人物与背景的关系
竖画幅构图	画面的高度大于宽度，给人一种高大、挺拔的感觉，适合展现高楼大厦、树木等垂直元素，也常用于拍摄人物的全身像，以强调人物的高度和身材
方形画幅构图	画面的高度和宽度相等，给人一种平衡、稳定、稳重、正式的感觉，适合展现对称或中心对称的场景，如建筑、花卉等
对称构图	画面中的元素被安排成左右对称或上下对称，可以给人一种平衡和稳定的感觉
前景构图	明确区分前景和背景，使观众能够轻松识别出主要的视觉焦点
三分法构图	将画面分为三等份，重要的元素放在这些线条的交点或线上，这是一种常见的构图技巧，有助于引导观众的视线
引导线构图	使用线条、路径或道路等元素来引导观众的视线，使画面更具动态感和深度
对角线构图	将主要元素沿对角线放置，以创造一种动感和张力
深度构图	通过使用不同大小、远近和模糊程度的元素来创造画面的深度感
重复构图	使用重复的元素或图案来营造视觉上的统一和节奏感
平衡构图	确保画面在视觉上是平衡的，避免一侧过于拥挤或另一侧太空旷
对比构图	通过对比元素的大小、颜色、形状等，来突出重要的元素或创造视觉冲击力
框架构图	使用框架或边框来突出或包含重要的元素，吸引观众的注意力
动态构图	通过元素的移动、旋转或形状变化来创造动态的视觉效果
焦点构图	将观众的视线引导至画面的一个特定点，突出该元素的重要性

通过巧妙地使用画面构图提示词，可以指导Sora生成主体突出、层次丰富的视频。例如，下面这个视频中就结合了竖画幅构图、前景构图、焦点构图等多种形式，从而更好地强调和突出画面主体，相关示例如图7-5所示。

【示例64】：变色龙的特写镜头

Prompt	This close-up shot of a chameleon showcases its striking color changing capabilities. The background is blurred, drawing attention to the animal's striking appearance.	 扫码看案例效果
提示词	这个变色龙的特写镜头展示了它惊人的变色能力。背景模糊，这只动物引人注目的外表引起了人们的注意。	

图7-5　变色龙的特写镜头

从图7-5可以看出，画面中的变色龙作为主要对象被突出展示，而背景则被模糊处理，这样的构图方式不仅让观众更加关注变色龙本身，还增强了画面的视觉效果，相关分析如下。

❶ 视频采用竖画幅构图的方式，适合展现垂直元素，如本例中的变色龙。通过将画面设置为竖画幅，Sora可以生成一个更能突出变色龙全身特征的画面，强调其独特的形态。

❷ 提示词中虽然没有明确提到前景元素，但通过close-up shot（特写镜头）和The background is blurred（背景模糊）的处理方式，使Sora可以生成一个模糊的背景，从而将观众的注意力集中在前景处的变色龙上。这种处理方式有效地突出了变色龙这一主要对象，并增强了画面的层次感。

❸ 在这段提示词中，画面焦点无疑就是变色龙主体，通过强调其striking color changing capabilities（惊人的变色能力）和striking appearance（引人注目的外观），Sora可以生成一个以变色龙为中心的画面，将观众的视线牢牢吸引在这个焦点上。

7.2.2　视线角度

在使用Sora生成视频时，视线角度会对观众与画面元素进行互动和建立情感联系产生影响。表7-5所示为一些常见的视线角度提示词及其描述。

扫码看教学视频

表 7-5　常见的视线角度提示词及其描述

提示词示例	提示词描述
平视角度	平视角度是指镜头与主要对象的眼睛保持大致相同的高度，模拟人类的自然视线，给人一种客观、真实的感觉
俯视角度	俯视角度是指镜头位于主要对象上方，从上往下看，可以用于展现主要对象的脆弱或渺小，强调其在环境中的位置
仰视角度	仰视角度是指镜头位于主要对象下方，从下往上看，通常会给人一种崇高、庄严或敬畏的感觉
斜视角度	斜视角度是指镜头与主要对象的视线呈一定角度，既不是完全正面也不是完全侧面，可以创造一种戏剧性、紧张或神秘的感觉
正面视角	正面视角是指镜头直接面对主要对象，与主要对象的正面保持平行，给人一种直接、坦诚的感觉
背面视角	背面视角是指镜头位于主要对象的背后，展示对象的背部和其所面对的方向，可以创造出一种神秘、带有悬念或探索的感觉
侧面视角	侧面视角是指镜头位于主要对象的侧面，展示对象的侧面轮廓和动作，能够突出对象的侧面特征

不同的视线角度可以影响观众对画面的感知和理解，因此选择合适的视线角度对于创造吸引人的视频至关重要。

例如，下面这个Sora生成的视频就采用了侧面视角的展现方式，提示词中提到了The bird’s head is tilted slightly to the side（这只鸟的头微微向一侧倾斜），从而让模型捕捉到鸟侧面的独特细节，如冠羽的精致纹理和醒目的红色眼睛，这些特征在正面视角或背面视角下可能不那么明显或突出，相关示例如图7-6所示。

★ 知识扩展 ★

侧面视角能够展现鸟类的侧面轮廓和动态美。提示词中提到的The bird’s head is tilted slightly to the side不仅强调了鸟类的头部姿态，还赋予了画面一种动态的、生动的感觉，仿佛鸟类正在观察周围的环境或摆出展示自己美丽羽毛的姿态，突出了其独特的外观和气质。

【示例65】：维多利亚冠鸽的侧面视角

Prompt	This close-up shot of a Victoria crowned pigeon showcases its striking blue plumage and red chest. Its crest is made of delicate, lacy feathers, while its eye is a striking red color. The bird’s head is tilted slightly to the side, giving the impression of it looking regal and majestic. The background is blurred, drawing attention to the bird’s striking appearance.	
提示词 	这张维多利亚冠鸽的特写镜头展示了它引人注目的蓝色羽毛和红色胸部。它的徽章是由精致的花边羽毛制成的，而它的眼睛是醒目的红色。这只鸟的头微微向一侧倾斜，给人的印象是它看起来威严高贵。背景模糊，这只鸟引人注目的外表引起了人们的注意。	扫码看案例效果

图 7-6　维多利亚冠鸽的侧面视角

7.2.3　画面景别

扫码看教学视频

在使用Sora生成视频时，画面景别提示词是用来描述和指示视频画面中主体所呈现出的范围大小，一般可划分为远景、全景、中景、近景和特写5种类型，每种类型都有其特定的功能和效果，相关介绍如表7-6所示。

表 7-6　常见的画面景别提示词及其描述

提示词示例	提示词描述
远景	展现广阔的场面，以表现空间环境为主，可以表现宏大的场景、景观、气势，有抒发情感、渲染气氛的作用，常常应用于影片或者某个独立的叙事段落的开篇或结尾
全景	展现人物全身或场景的全貌，强调人物与环境的关系，交代场景和人物的位置，有助于观众理解场景中的空间关系，适合表现人物的整体动作和姿态
中景	展现场景局部或人物膝盖以上部分的景别，适合表现人与人、人与物之间的行动、交流，生动地展现人物的姿态动作
近景	展现人物胸部以上部分或物体局部的景别，主要用于通过面部表情刻画人物性格，通常需要与全景、中景、特写景别组合起来使用
特写	展现人物颈脖以上部位或被摄物体的细节，用于细腻表现人物或被拍摄物体的细节特征

例如，下面这个Sora生成的视频就采用了特写景别的展现方式，相关示例如图7-7所示。提示词中的A close up view of a glass sphere（一个玻璃球体的特写）

设定了场景的视角和范围，即一个特写镜头对准了一个玻璃球。这种特写景别的应用，使得观众能够近距离地观察球体内的景象，增强了视觉的集中和细节的展现。

【示例66】：玻璃球体里的小矮人

Prompt	A close up view of a glass sphere that has a zen garden within it. There is a small dwarf in the sphere who is raking the zen garden and creating patterns in the sand.	扫码看案例效果
提示词	一个玻璃球体的特写，里面有一个禅意花园。球体里有一个小矮人，他正在打扫禅意花园，并在沙子上创作图案。	

图7-7　玻璃球体里的小矮人

另外，提示词中还进一步细化了场景，通过small dwarf（小矮人）这一描述，观众能够清晰地想象出一个微小的身影在玻璃球内忙碌着。而raking the zen garden and creating patterns in the sand（打扫禅意花园，在沙子上创作图案）则进一步描绘了小矮人在禅意花园中劳作的具体动作，这些动作在特写镜头的捕捉下显得格外精致和引人入胜，同时还能够产生较强的视觉冲击力。

7.2.4 色彩色调

扫码看教学视频

在使用Sora生成视频时，色彩色调提示词用于指导模型生成具有特定色彩或色调效果的视频内容。表7-7所示为一些常见的色彩色调提示词及其描述。

表 7-7 常见的色彩色调提示词及其描述

提示词示例	提示词描述
暖色调	强调温暖、舒适、充满活力的色彩，通常包括红色、橙色和黄色系的色调，如温暖的日落、柔和的烛光、秋天的枫叶等
冷色调	传递冷静、清新、平静的感觉，主要由蓝色、紫色和绿色系的色调构成，如寒冷的冬夜、深邃的海洋、清新的森林等
鲜艳色彩	色彩鲜明、饱满，具有高对比度和亮度，给人一种生动、活泼的感觉，如鲜艳的热带水果、充满活力的霓虹灯、色彩斑斓的油画等
柔和色彩	色彩柔和、细腻，对比度和亮度较低，可以营造出宁静、温柔的氛围，如柔和的晚霞、细腻的水彩画、温馨的家居环境等
复古色调	模仿旧照片或复古艺术作品的色彩效果，通常具有较低的饱和度和对比度，如复古电影镜头、老照片的感觉、怀旧的艺术风格等
黑白或单色	完全或主要以黑、白、灰为主色调，去除彩色元素，给人简洁、纯粹或经典的感觉，如黑白老电影、素描效果、水墨画风等
对比色彩	使用高对比度的色彩组合，强调色彩之间的对比和冲突，具有强烈的视觉冲击力，如鲜艳的色彩对比、大胆的色彩组合、充满活力的色彩碰撞等
渐变色彩	色彩从一种色调逐渐过渡到另一种色调，营造出流畅、温和的视觉效果，如渐变的日出日落、柔和的色彩过渡、梦幻的色彩流动等

如图7-8所示，是一个由Sora生成的虎斑猫视频。其中，white and orange（白色和橙色）这两种颜色用于描述这只猫的特征，白色和橙色形成了明显的对比，白色给人一种纯净、清新的感觉，而橙色则传达了活力、温暖和快乐的情感，这种对比色彩增加了视觉冲击力，使得这只猫在场景中更加突出。

通过提示词中的warm tones（暖色调）和warm contrast（暖对比度），能给人温暖、舒适和活力的感觉。在这个视频画面中，暖色调不仅增强了画面的温馨感，还强调了猫的橙色毛发，使其更加显眼。

【示例 67】：在茂密的花园里奔跑的虎斑猫

Prompt	A white and orange tabby cat is seen happily darting through a dense garden, as if chasing something. Its eyes are wide and happy as it jogs forward, scanning the branches, flowers, and leaves as it walks. The path is narrow as it makes its way between all the plants. the scene is captured from a ground-level angle, following the cat closely, giving a low and intimate perspective. The image is cinematic with warm tones and a grainy texture. The scattered daylight between the leaves and plants above creates a warm contrast, accentuating the cat's orange fur. The shot is clear and sharp, with a shallow depth of field.	 扫码看案例效果
提示词	一只白色和橙色相间的虎斑猫在茂密的花园里快乐地奔跑，好像在追逐什么。它向前慢跑，一边扫视树枝、花朵和树叶，眼睛睁得大大的，很开心。这条小路非常窄，因为它在所有的植物之间穿行。这个场景是从地面的角度拍摄的，紧跟着猫，给人一种低沉而亲密的视角。该图像具有电影般的暖色调和颗粒状纹理。上面树叶和植物之间的散射阳光形成了温暖的对比，突出了猫的橙色皮毛。镜头清晰而犀利，景深较浅。	

图 7-8　在茂密的花园里奔跑的虎斑猫

另外，提示词中还提到了scattered daylight（散射阳光），这是另一个重要的色彩元素。阳光通常具有温暖、自然的光泽，为整个场景增添了生动感和真实感。阳光透过树叶和植物投射下的光影，不仅为场景提供了自然的照明，还创造了丰富的光影效果，增强了画面的层次感和深度。

7.2.5　环境光线

在使用Sora生成视频时，环境光线是影响场景氛围和视觉效果的重要因素。表7-8所示为一些常见的环境光线提示词及其描述，这些提示词可以帮助指导模型创建出具有不同光照效果和氛围的视频内容。

表 7-8　常见的环境光线提示词及其描述

提示词示例	提示词描述
自然光	模拟自然界中的光源，如日光、月光等，通常呈现出柔和、温暖或冷峻的效果，且根据时间和天气条件而异，如清晨的柔光、午后的烈日、黄昏的余晖、月光下的静谧等
软光	光线柔和，没有明显的阴影和强烈的对比，给人一种温暖、舒适的感觉，如柔和的室内照明、温馨的烛光、漫射的自然光
硬光	光线强烈，有明显的阴影和对比度，可以营造出强烈的视觉冲击力，如强烈的阳光直射、刺眼的聚光灯、硬朗的阴影效果
逆光	光源位于主体背后，产生强烈的轮廓光和背光效果，使主体与背景分离，如夕阳下的逆光剪影、背光下突出的轮廓
侧光	光源从主体侧面照射，产生强烈的侧面阴影和立体感，如侧光下的雕塑感、侧面阴影的戏剧效果、侧光展现的细节
环境光	用于照亮整个场景的基础光源，提供均匀而柔和的照明，营造出整体的光照氛围，如均匀的环境照明、微妙的环境光影、柔和的环境光晕
霓虹灯光	光线的色彩鲜艳且闪烁不定，为视频带来一种繁华而充满活力的氛围，如都市霓虹、梦幻霓虹等
点光源	模拟点状光源，如灯泡、烛光等，产生集中而强烈的光斑和阴影，如温馨的烛光照明、聚光灯下的戏剧效果、点光源营造的神秘氛围
区域光	模拟特定区域或物体的光源，为场景提供局部照明，如窗户透过的柔和光线、台灯下阅读的氛围、区域光照亮的重点
暗调照明	整体场景较为昏暗，强调阴影和暗部的细节，营造出神秘、紧张或忧郁的氛围，如暗调下的神秘氛围、阴影中的细节探索、昏暗环境中的情绪表达
提示词示例	提示词描述
高调照明	整体场景明亮，强调亮部和高光部分，营造出清新、明亮或梦幻的氛围，如高调照明下的清新氛围、明亮的场景展现、高光突出的细节强调

例如，下面这段提示词生成了一个情感丰富且引人入胜的动画场景，相关示例如图7-9所示，其中光线的相关描述在构建氛围和情感表达上起到了关键作用。

【示例68】：月光下的狼嚎剪影动画

Prompt	A beautiful silhouette animation shows a wolf howling at the moon, feeling lonely, until it finds its pack.	扫码看案例效果
提示词	一段美丽的剪影动画展示了狼对着月亮嚎叫，感到孤独的场景，直到它找到了它的狼群。	

图 7-9　月光下的狼嚎剪影动画

从图7-9中可以看出，moon（月亮）为场景提供了主要的光源，即夜晚的月光。月光通常具有柔和、银色的光芒，为整个场景营造出一种静谧而神秘的氛围。另外，提示词中的silhouette（剪影）强调了光与影的对比效果。在月光下，狼的轮廓被清晰地勾勒出来，形成了一种剪影效果，突出了狼的形象。

再例如，下面这段提示词成功地构建了一个充满未来感和科技感的霓虹城市夜晚的场景，通过futuristic neon city（未来的霓虹灯城市）、neon lights（霓虹灯光）和glistens off（闪闪发光）等描述，不仅为场景增添了强烈的视觉冲击力，还使萨摩耶犬和金毛寻回犬的形象更加鲜明和生动，相关示例如图7-10所示。

【示例 69】：在霓虹灯城市中嬉戏的小狗

Prompt	A Samoyed and a Golden Retriever dog are playfully romping through a futuristic neon city at night. The neon lights emitted from the nearby buildings glistens off of their fur.	扫码看案例效果
提示词	一只萨摩耶犬和一只金毛寻回犬在夜晚嬉戏玩耍，穿过一座未来的霓虹灯城市。附近建筑物发出的霓虹灯光在它们的皮毛上闪闪发光。	

图 7-10　在霓虹灯城市中嬉戏的小狗

7.2.6　镜头参数

扫码看教学视频

在使用Sora生成视频时，镜头参数提示词可以用来指导模型如何调整镜头焦距、运动、景深等属性。表7-9所示为一些常见的镜头参数提示词及其描述。

表 7-9　常见的镜头参数提示词及其描述

提示词示例	提示词描述
镜头类型	指定摄像机的镜头类型，如广角镜头、长焦镜头、鱼眼镜头等。例如，使用广角镜头捕捉宽阔的场景或用长焦镜头聚焦特定细节
焦距	调整镜头的焦距，控制画面的清晰度和视角大小。例如，拉近焦距以突出主体，推远焦距以获得更宽广的视野
镜头运动	模拟摄像机的运动轨迹，如推拉运镜、跟随运镜、旋转运镜、升降运镜等。例如，跟随运镜以追踪移动的主体，旋转运镜以展示对象全景，推拉运镜以突出或远离画面细节
镜头速度	控制镜头运动的移动速度，包括推拉、旋转和跟随的速度。例如，快速移动镜头以创造紧张感，缓慢移动镜头以营造宁静的氛围
镜头抖动	模拟摄像机的抖动效果，增加画面的动态感和真实感。例如，在特定场景中加入轻微的镜头抖动，以模拟手持摄像机拍摄的效果
景深	控制场景中前后景的清晰程度，模拟摄影中的景深效果。例如，增加景深以展示前后景的清晰细节，减少景深以突出主体并模糊背景
镜头稳定	保持镜头的稳定性，减少不必要的晃动和抖动。例如，使用镜头稳定功能来平滑摄像机的运动，保持画面的清晰和稳定

这些镜头参数提示词可以帮助指导模型生成具有不同视觉效果的视频内容。通过合理地组合和调整这些参数，用户可以创造出丰富多样的镜头运动和视觉效果，使生成的视频更具吸引力和表现力，相关示例如图7-11所示。

【示例 70】：深海中的大章鱼和帝王蟹之战

Prompt	A large orange octopus is seen resting on the bottom of the ocean floor, blending in with the sandy and rocky terrain. Its tentacles are spread out around its body, and its eyes are closed. The octopus is unaware of a king crab that is crawling towards it from behind a rock, its claws raised and ready to attack. The crab is brown and spiny, with long legs and antennae. The scene is captured from a wide angle, showing the vastness and depth of the ocean. The water is clear and blue, with rays of sunlight filtering through. The shot is sharp and crisp, with a high dynamic range. The octopus and the crab are in focus, while the background is slightly blurred, creating a depth of field effect.	 扫码看案例效果
提示词	一只橙色的大章鱼栖息在海底，与沙质和岩石地形融为一体。它的触角在身体周围伸展，闭着眼睛。章鱼没有意识到一只帝王蟹正从岩石后面向它爬来，它的爪子抬起，准备攻击。这种螃蟹是棕色的，多刺，有很长的腿和触角。该场景是从大角度拍摄的，展示了海洋的浩瀚和深度。海水清澈湛蓝，阳光透过水面。镜头清晰，动态范围高。章鱼和螃蟹都在焦点上，而背景稍微模糊，产生了景深效果。	

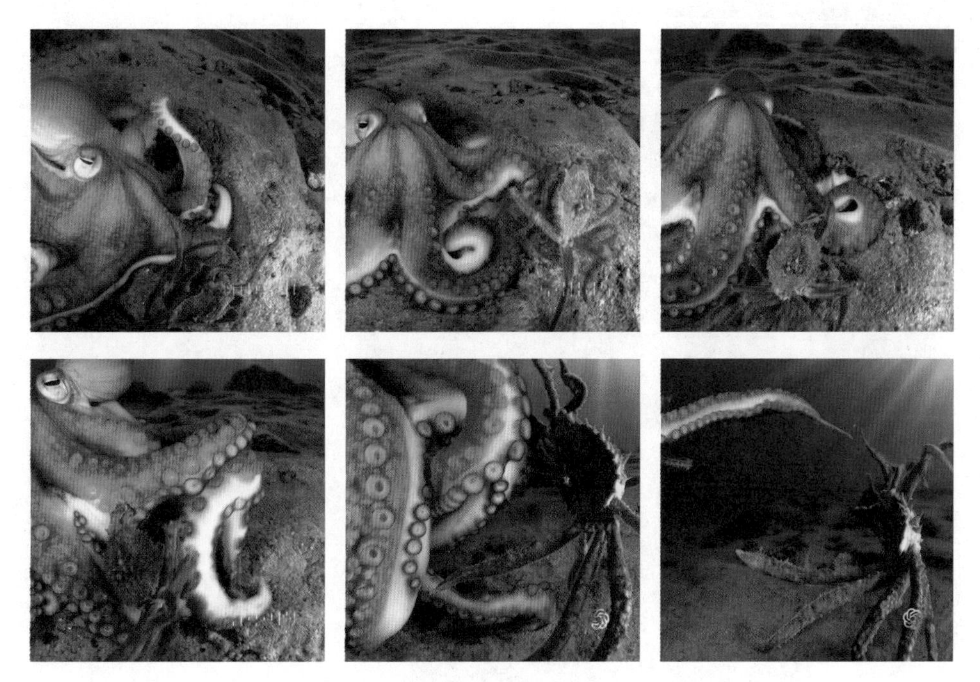

图 7-11　深海中的大章鱼和帝王蟹之战

从图7-11可以看到，这段提示词通过精心选择镜头参数，成功地构建了一个生动而逼真的海底场景。The scene is captured from a wide angle（场景是从广角拍摄的）提示词描述，设定了使用广角镜头来捕捉整个海底场景。

同时，提示词中明确指出了focus（焦点集中）、background is slightly blurred（背景轻微模糊）、depth of field effect（景深效应），这种处理方式强调了前景中的主体，并通过背景模糊来创造出深度感，使画面更加立体和生动。

另外，还通过high dynamic range（HDR，高动态范围）这个提示词，指出了HDR技术的使用，让模型能够捕捉并展现出更广泛的亮度范围，从深邃的海洋蓝到阳光下的明亮细节，都能够在画面中得以保留，增强了画面的层次感和真实感。

第 8 章

商业变现：从文本到视频的创收之路

随着人工智能技术的不断进步，短视频内容创作与生成领域正迎来巨大的商业机遇。Sora凭借其领先的技术和创新的商业应用，已经在这一领域中脱颖而出。本章将深入探讨Sora的商业模式及独特的变现技巧，分析其如何在激烈的市场竞争中实现持续增长和价值创造。

8.1　Sora 未来可能的商业场景应用

Sora因其在视频生成时长、分辨率、语言理解深度和细节生成能力等方面的显著优势，未来可能在电商产品展示、视频广告制作、游戏开发、动画片制作、电影电视节目制作等多个商业场景中发挥重要作用。

8.1.1　电商产品展示

扫码看教学视频

Sora能够生成高质量的视频内容来展示产品，这对电商从业者来说是一个巨大的优势。通过使用Sora，商家可以制作出更加吸引人的产品介绍视频，刺激顾客的购买意愿。Sora在电商产品展示中的应用前景和潜力主要体现在以下几个方面。

❶ 技术的先进性和创新性：Sora采用了Transformer架构的扩散模型，这在视频生成模型中是一种创新的技术架构，能够大幅提升模型的扩展性和数据采样的灵活性。此外，Sora能够生成具有多个角色、特定类型的运动，以及主体和背景细节准确的复杂场景，这表明其在生成高质量视频内容的能力上具有显著优势，具体应用可以参考AI模特变装、虚拟试衣等，如图8-1所示。

图 8-1　AI 模特变装

❷ 降低视频制作门槛和成本：Sora的出现极大地降低了视频创作的门槛和成本。不需要任何编程或视频制作基础，只需输入提示词指令，即可生成长达60秒的4K高清视频，且能做到类似电影一镜到底的震撼视觉效果。这对中小型电

商企业来说，意味着更低的成本和更高的效率。

❸ 提升用户体验和转化率：AI视频生成技术可以将电商平台上的产品信息转化为视频，以吸引顾客购买。Sora能够生成具有明确的产品特点和卖点的短视频，能够直观地展示产品的使用场景和效果，从而引起顾客的购买兴趣。

❹ 促进多模态应用发展：Sora利用扩散模型和Transformer架构，能在多模态领域实现高效的语义理解和复杂场景生成，有望加速AI技术的商用进程，不仅为电商行业提供了新的营销手段，也为其他行业提供了借鉴。

综上所述，Sora在电商产品展示中的应用前景和潜力非常广阔，它不仅能提高产品展示的质量和吸引力，还能降低制作门槛，提升用户体验和转化率，同时也有助于推动多模态AI技术的发展。然而，需要注意的是，尽管Sora的潜力巨大，但其实际应用效果还需结合具体的电商场景和市场反馈进行进一步验证。

8.1.2 视频广告制作

扫码看教学视频

Sora能够基于文本提示生成视频，这意味着广告公司可以在短时间内生成大量的广告素材，从而提高工作效率和降低运营成本。Sora对广告行业AI视频化有极大的推动作用，能够大幅降低视频广告的制作成本和制作时间，从而提升广告的转化效果。通过AI工具快速生成一段完整视频的能力，可以显著缩短广告从创意到执行的周期，从而提高广告的制作效率和营销效果。

Sora这类AI视频生成技术的应用，不仅能够提高内容生成的效率，还包括对广告创意的创新和优化。例如，京东电器发布的开放式广告，即由消费者定义场景创意，京东通过AIGC为用户定制实现想要的画面，这种创新的广告形式通过AI技术实现了个性化广告的可能，进一步提升了广告效果。

★ 知 识 扩 展 ★

人工智能生成内容（Artificial Intelligence Generated Content，AIGC）是一种新型的人工智能技术，它利用机器学习、深度学习等技术对大量的语言数据进行分析、学习和模拟，从而实现对自然语言的理解和生成。AIGC 可以应用于多个领域，如新闻媒体、广告销售、电子商务等，通过自动生成文本、图片、视频等内容，提高生产效率，降低成本。

8.1.3 游戏开发和动画片制作

扫码看教学视频

Sora具备强大的文本理解能力和细节生成能力，这使得它在动画片、游戏等领域有着广泛的应用前景。开发者可以利用Sora的能力，创造出更加生动、真实的动画和游戏内容，提升玩家体验。

例如，使用Sora可以模拟热门游戏《我的世界》中的场景，让游戏内的世界更加丰富多彩，更具深度和互动性，相关示例如图8-2所示。在下面这个视频中，观众可以清晰地看到游戏画面随着“玩家”的视角自然流畅地变化，这一表现无疑证明了Sora在游戏开发领域的强大实力。注意：该示例的原理前面已经介绍过，此处不再赘述。

【示例 71】：展示游戏《我的世界》

Prompt	Showcasing the game Minecraft.	扫码看案例效果
提示词	展示游戏《我的世界》。	

图 8-2　展示游戏《我的世界》

在动画片制作领域，Sora模型同样能够发挥巨大的潜力。传统的动画片制作需要耗费大量的人力和时间，而利用Sora模型，制作人员可以通过输入基本的剧情和角色设定，让模型自动生成动画片的角色形象、场景描述、动作细节等，从而极大地提高了制作效率和便捷性，相关示例如图8-3所示。

【示例 72】：水獭的热带冲浪冒险

Prompt	An adorable happy otter confidently stands on a surfboard wearing a yellow lifejacket, riding along turquoise tropical waters near lush tropical islands, 3D digital render art style.	 扫码看案例效果
提示词	一只可爱的水獭快乐自信地站在冲浪板上，穿着黄色的救生衣，在碧绿色的热带水域附近沿着郁郁葱葱的热带岛屿冲浪，采用 3D 数字渲染艺术风格。	

图 8-3　水獭的热带冲浪冒险

从图8-3可以看出，Sora能够依据文本指令创造出生动的画面，确保动画中的每一个元素都与描述相匹配，从而生成一个既符合用户期望又充满创意的动画片。同时，由于Sora具备强大的语言理解能力和细节生成能力，它还可以帮助制作人员更好地把握角色性格和情感表达，让动画片更加生动、真实。

8.1.4　电影电视节目制作

扫码看教学视频

Sora在生成视频时能够更好地理解物理世界，产生真实的镜头感，这对需要制作高度真实感的电影电视节目来说尤为重要。通过Sora，影视制作人可以生成更具沉浸感和情感共鸣的视频内容，提升观众的观影体验，相关示例如图8-4所示。

【示例 73】：海盗船激战瞬间

Prompt	Photorealistic closeup video of two pirate ships battling each other as they sail insid.	扫码看案例效果
提示词	逼真的海盗船近距离视频，两艘海盗船在航行中互相交战。	

图 8-4　海盗船激战瞬间

从图8-4可以看出，Sora可以依据文本指令来创建逼真的海盗船战斗的场景，确保生成的画面既符合真实世界的物理规律，又能够展示出两艘海盗船在交战中的紧张氛围和激烈动作，这将有助于为观众提供一个引人入胜的视觉体验。

总之，Sora的出现对传统影视创作模式产生了深远的影响，它简化了拍摄和后期制作的过程，降低了创作成本，同时提高了创作效率和内容质量，这些变化可能会促使传统影视制作模式发生根本性的变革。

8.1.5 教育内容制作

扫码看教学视频

Sora在教育内容创作中具有广泛的潜在商业应用潜力，包括但不限于提高教学效果、满足多样化学习需求、创造沉浸式学习体验、促进远程协作，以及推动教育行业的变革等方面，相关介绍如下。

❶ 提高教学效果：Sora能够根据用户提供的文本描述生成长达60秒的视频，这些视频不仅保持了视觉品质，而且完整、准确地还原了用户提示词中描述的内容。这意味着教师可以利用Sora生成与课程相关的视频资料，从而提高教学效果。

❷ 满足多样化学习需求：Sora能够更好地满足不同类型学生的需求，无论是高水平学生，还是在特定概念或学科上有挑战的学生，抑或是在课堂上不愿意举手的学生，以及那些有特殊学习需求的学生。这使得教育机构可以根据不同类型学生的特点，提供更加个性化和有效的教学内容。

❸ 创造沉浸式学习体验：Sora具有多镜头展示功能，通过其世界模型能力，创造出深度互动且内容丰富的场景，为视频生成带来了新的创意层次。这种技术不仅能够提升学习效率，还能够增强学生的沉浸式学习体验。

❹ 促进远程协作：在远程协作方面，Sora的应用可以为远程教学提供更加丰富和直观的视频资源，帮助教师更有效地进行远程指导和互动。

❺ 推动教育行业的变革：Sora的发布被认为将对教育行业产生深远影响，不仅预示着教育行业内部的变革，也可能引发外部行业的连锁反应，为教育行业带来更多的创新和发展机遇。

8.2 如何利用 Sora 实现多渠道变现

Sora模型作为一种强大的文本理解和视频生成工具，为实现多渠道变现提供了无限的可能性。通过Sora，创作者能够高效地将创意转化为具有市场价值的内容，并通过多个渠道实现营利。

借助Sora模型，创作者不仅可以实现多渠道变现，还能在激烈的市场竞争中脱颖而出，实现持续增长和营利。本节将深入探讨如何利用Sora实现多渠道变现，以期为视频创作者取得更大的商业成功提供有益的启示。

8.2.1 广告收入与赞助变现

扫码看教学视频

随着自媒体平台的蓬勃发展，内容创作者正寻求更多元化的变现方式。在这一背景下，广告收入和赞助变现成为越来越多创作者关注的焦点。对于利用Sora生成视频的创作者而言，这种变现方式具有独特的优势，具体如下。

❶ 通过在YouTube等自媒体平台上发布由Sora生成的视频，创作者可以轻松赚取广告收入。这一模式的关键在于制作高质量、引人入胜的内容，以吸引更多的观看次数和订阅者。Sora能够帮助创作者快速生成丰富多样的视频内容，满足大众对新鲜、有趣内容的需求。当视频内容受到粉丝喜爱并产生大量观看时，创作者可以开通广告功能，让平台在视频中插入广告，即可从中获得广告分成。

❷ 赞助视频是另一种值得尝试的变现方式，通过与品牌合作创建赞助内容，创作者可以利用Sora制作与品牌信息相一致、创新且引人入胜的视频。这种合作方式不仅为品牌提供了全新的宣传视角，同时也为创作者带来了可观的收入。Sora可以根据品牌的需求和调性，生成符合品牌形象的视频内容，确保品牌信息得到准确传达。同时，创作者还可以根据视频的内容和风格，吸引更多与目标受众相匹配的观众，进一步提高赞助视频的效果和收益。

8.2.2 知识付费变现

扫码看教学视频

随着AI技术的迅猛发展，知识付费已成为一个不可忽视的赚钱渠道，而Sora模型的出现，为AI教育变现注入了新的活力。尽管Sora尚未开放个人账号，但其强大的视频生成能力已经吸引了众多目光，一些与Sora相关的付费课程已经悄然上线，如图8-5所示。

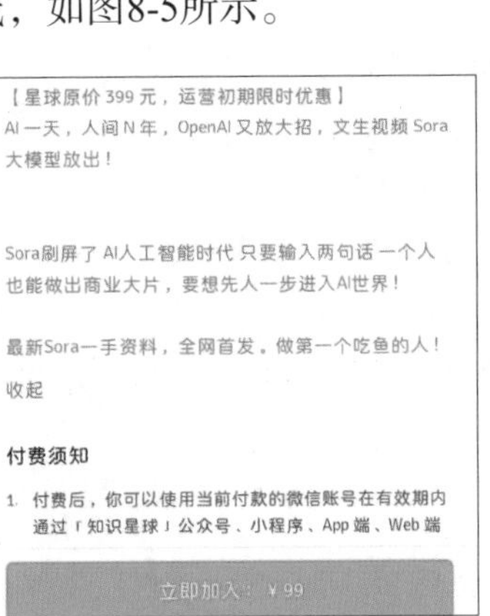

图 8-5 与 Sora 相关的付费课程

这些课程不仅展现了Sora在AI行业中的潜力和价值，也揭示了知识付费在AI领域的巨大商机。无论是针对初学者的入门课程，还是面向专业人士的高级培训课程，这些课程都能满足学员对专业知识和技能的需求，从而吸引大量付费学员。

除了付费课程，网络研讨会也是实现Sora知识付费的有效方式。通过组织网络研讨会，创作者可以邀请行业专家、意见领袖等共同分享关于Sora模型的应用案例、技术趋势等话题。借助Sora生成的视频内容，参与者可以更直观地了解相关概念和技能，从而加深对Sora模型的理解和应用。

无论是付费课程还是网络研讨会，知识付费都为Sora变现提供了新的可能。通过制作高质量的课程内容、提供专业的技能培训，创作者不仅可以实现个人价值的变现，还能推动AI技术的普及和发展。

8.2.3　提示词交易变现

扫码看教学视频

随着AI技术的不断进步，提示词交易已经成为一个备受瞩目的变现方式。2023年，AI绘画领域的提示词交易异常火爆，而到了2024年，Sora AI文生视频的提示词交易也展现出了巨大的市场潜力。从简单的提示词打包交易到专业化的提示词交易平台，这一领域都呈现出广阔的发展空间，相关方法如下。

❶ 创建专业的提示词交易平台：为了有效地进行提示词交易，建立一个专业的交易平台是至关重要的。这样的平台可以为买家和卖家提供一个便捷、安全的交易环境，相关平台如图8-6所示。平台可以设定一系列的交易规则和标准，确保交易的公平性和透明度。同时，平台还可以提供强大的搜索和筛选功能，帮助买家快速找到符合需求的优质提示词。

图 8-6　Sora 相关的提示词交易平台

❷ 优化提示词的质量与创意：在AI文生视频领域，高质量的提示词往往能够生成引人入胜的视频。因此，卖家需要不断优化自己的提示词，提高其质量和创意，这包括选择具有吸引力的主题、使用生动的语言和描述、结合热门趋势等。通过不断改进和创新，卖家可以打造出独具特色的提示词，吸引更多买家的关注。

❸ 利用现有平台进行交易：除了创建专业的交易平台，卖家还可以利用现有的平台进行提示词交易。例如，PromptBase、PromptHero这样的AI绘画领域的提示词交易平台，也为Sora的提示词交易提供了可能，如图8-7所示。卖家只需将自己的提示词上传到这些平台，填写价格等信息，便可以轻松进行交易。同时，利用这些平台的用户基础和流量优势，卖家还可以扩大自己的影响力，吸引更多潜在买家。

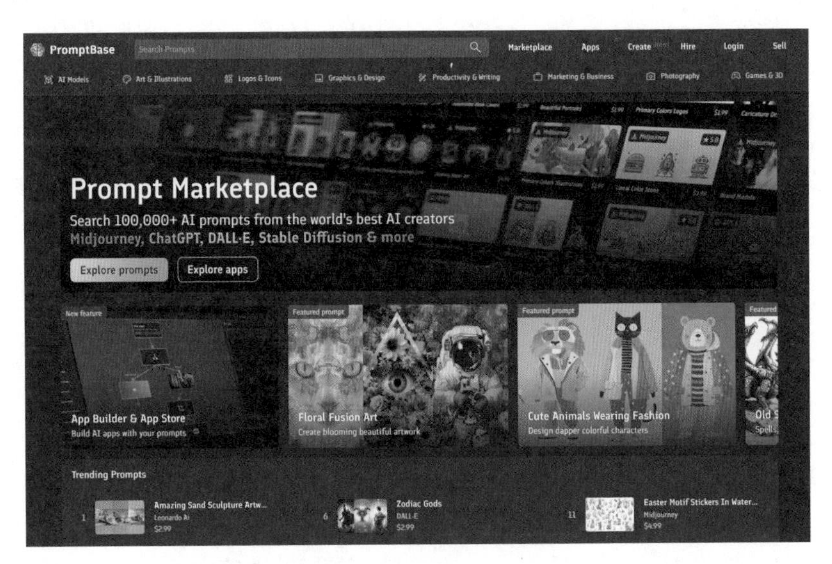

图 8-7　PromptBase 平台

8.2.4　内容创作变现

扫码看教学视频

随着Sora的出现，内容创作变现迎来了全新的机遇。Sora凭借其强大的文本理解和内容生成能力，为内容创作者提供了前所未有的便利和可能性。通过充分利用Sora的AI视频生成能力并结合各种策略和方法，内容创作者可以开启AI视频赚钱的新篇章，相关方法如下。

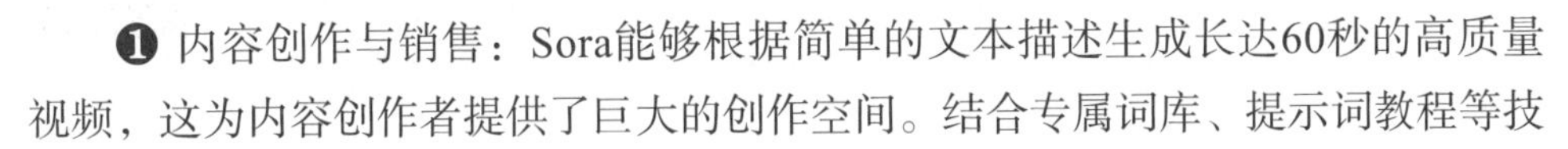

❶ 内容创作与销售：Sora能够根据简单的文本描述生成长达60秒的高质量视频，这为内容创作者提供了巨大的创作空间。结合专属词库、提示词教程等技

巧，创作者可以创作出更具吸引力和独特性的视频。

❷ 代生成AI视频：对于有定制化需求的用户，创作者可以使用Sora等工具来生成AI视频素材，并根据他们的需求来完善和优化视频内容，成为他们的AI视频制作专家。

❸ 使用Sora生成的视频做账号：在短视频平台上，如小红书和视频号等，高质量的视频内容具有很高的价值，通过制作有趣、有价值、有创意的AI视频，创作者可以吸引更多的粉丝和流量。一旦建立起自己独特的AI视频风格并通过视频吸引足够多的粉丝，就可以考虑通过视频带货或粉丝打赏等方式实现变现。

❹ 上传Sora生成的视频到素材网站赚钱：在国内的短视频素材交易网站上传Sora生成的视频也可以成为一种赚钱方式。但需要注意的是，这种方式相对较短期，因为平台可能会对上传的AI短视频数量进行限制。

❺ 内容许可与战略合作：授权Sora生成的视频给媒体、教育机构或内容平台，打造稳定且丰厚的收入来源。创作者可以将Sora生成的优质视频内容授权给媒体机构，让他们在自己的平台上进行展示和分享。这样不仅能够让更多的人欣赏到Sora的创意与才华，还能够为原创视频的内容创作者带来稳定的收入。

★ 知 识 扩 展 ★

除了内容许可，创作者还可以与媒体、教育机构或内容平台展开战略合作，通过共同开发、制作和推广视频，实现资源共享、互利共赢。例如，与知名媒体合作推出独家内容、与教育机构共同打造在线课程或者与内容平台合作推出定制化视频服务等，这些合作方式不仅能够提升 Sora 的知名度和影响力，还能够为合作伙伴带来更多的商业机会和收益。

❻ 视频点播服务：构建丰富多样的视频内容库，满足用户的购买与租赁需求，利用Sora制作精准、满足特定兴趣或利基市场的独家内容。这种创新服务不仅满足了用户对高质量视频内容的渴望，同时也为内容创作者提供了一个展示才华和实现价值的平台。需要注意的是，在构建视频内容库的过程中，创作者应特别注重内容的独特性和市场定位，通过深入了解用户的兴趣和需求，为他们提供定制化的视频体验，满足他们对某一特定领域的深度探索和学习。

8.2.5 Sora的其他变现方式

扫码看教学视频

随着AI技术的不断进步和应用领域的拓宽，Sora作为一种新兴的技术工具，正逐渐展现出其强大的商业潜力。从跨境电商到技术服务，从账号交易到辅助工具开发，Sora的多元变现方式正为各行各业带来前所未有的商业机遇。

下面将深入探讨Sora的多种变现方式，旨在帮助大家更好地理解和利用这一创新工具，实现商业价值的最大化。

❶ 跨境电商融合：Sora为跨境电商领域注入了新活力，外贸企业可以巧妙地结合Sora生成的产品视频，通过TikTok等热门平台发布短视频，从而极大地提高内容产出效率和账号更新频率。同时，这种创新的推广方式有助于产品吸引更多的目标受众，进而提升品牌影响力和产品销售额。

❷ 技术服务与专业培训：对于那些对Sora充满热情的个人或企业，提供技术服务或专业培训是一个可行的盈利方式。例如，协助客户深入了解并高效利用Sora进行视频创作，或者开设针对性的Sora使用培训课程，都能有效地满足市场需求，实现商业变现。

❸ 账号出售：鉴于AI领域的热度，Sora账号作为稀缺资源，未来可能具有极高的价值。特别是在内测阶段，账号注册机会有限，因此出售共享账号或独立账号可能成为一种盈利手段。另外，如果Sora的注册过程需要邀请码，则邀请码的转让也将成为一种收入来源。

❹ 开发辅助工具与网站：对于具备技术背景的人士，围绕Sora开发辅助性网站或工具是一个富有潜力的盈利点。例如，创建Sora导航网站，不仅能为用户提供便捷服务，还能通过广告、付费功能等方式获取收益。同时，储备与Sora相关的域名也是一种具有长远价值的投资策略。图8-8所示为SoraHub平台通过注册与Sora紧密相关的域名，搭建了一个集创意视频制作与提示词于一体的综合性平台。

图 8-8　SoraHub 平台

❺ AI小说推文视频：随着AI技术的不断发展，AI小说推文已经从图片领域拓展到视频领域。图8-9所示为使用Stable Diffusion生成的小说推文视频截图。未来，创作者也可以利用Sora制作高质量的AI视频小说推文，将吸引大量粉丝，进而通过广告、付费内容等方式实现营利。

图 8-9　使用 Stable Diffusion 生成的小说推文视频截图

❻ 直播带货与产品推广：对于没有产品制作能力的个人或团队，直播带货是一个有效的盈利方式。通过直播展示Sora生成的短视频，吸引观众关注并推广相关的付费产品，可以实现流量变现。

❼ 会员制与独家内容：在Patreon等平台上，为订阅者或会员提供独家Sora生成的内容，如幕后视频、优先体验权或专属视频系列，是一种稳定的盈利方式。通过提供高质量、独特的内容，吸引用户付费订阅，实现长期稳定的收益。

❽ 原业务AI化升级：对于已经涉足视频领域的公司，可以考虑将Sora融入原业务，实现AI化升级。通过提高生产效率和降低运营成本，为产品价格调整留出空间，从而增强获客能力和竞争优势。

❾ 企业服务咨询：对于缺乏自我AI化能力的传统行业公司，提供专业的AI咨询服务是一个可行的盈利方式。通过深入了解客户需求，提供具有针对性的解决方案，协助企业实现AI化转型，实现服务变现。同时，开发融合专业知识和生产流程的商业化软件工具，利用Sora等API实现生产功能，也是企业服务领域的一种盈利手段。